DELIUS KLASING

Alex Ziegler (Hrsg.) • Jörg Maltzan • Martin Langhorst

Die Bonanza Rad Bibel

Von Bananensattel & Sissybar bis Pornoschaltung

DELIUS KLASING VERLAG

VDO-Doppelinstrument
11
34,50

MOTOC
8
SCHAUFF

O'NE

bonanza-HIGH-RISER

Die echten BONANZA-Modelle gibt es nur bei Neckermann.

NECKERMANN BEST LEISTUNG

② 45.-

③

SACHS ① BONANZA »2000« In 2 Ausführungen. Komplettpreis ab **239.-**

25 Jahre Garantie auf Rahmen und Gabel

Hier ist gute Qualität sehr günstig!

① High-Riser 20″ BONANZA »2000«. Eine Neckermann-BEST-Leistung, weil:
* Rahmen mit stabilem Gitterhinterbau, Gepäckträger mit Federklappe,
* vollendet in Styling u. Fahrkomfort.

Lange verchr. Kastenschutzbleche, Vorderrad-Volltrommelbremsnabe, Sachs-3-Gang-Torpedo-Leerlaufnabe, Sachs-Sportschaltknüppel auf breiter Mittelkonsole m. opt. Ganganzeige, HR-Felgenbremse, Vorderrad 20×1,75″, Hinterrad 20×2,125″. Crosstype. Beleuchtg. u. Parkstütze.

696/110	Fb.: Porschegelb (42)	239.—

Wie vor, jedoch mit Sachs-3-Gang-Torpedo-Freilauf-Rücktrittbremsnabe.

697/117	Komplettpreis	259.—

② Original VDO-Doppelinstrumentenpult. Nur so lange Vorrat.

877/190	Für alle BONANZA-Modelle	45.—

③ Sport-Rückspiegel. Höhen-/seitenverstellb.

877/530	Mit Kugelgelenk	5.25

④ High-Riser BONANZA 20″. Mit Sturmey-Archer-3-Gang-Leerlaufnabe, vorne Trommelbremsnabe. Mit Beleuchtung und Parkstütze. **Farbe:** Orange (55).

697/001	Komplettpreis	195.—

Wie vor, jedoch ohne Schaltung, mit Rücktrittbremsnabe und VR-Felgenbremse.

JET-STA

Das gute Kinder

PREIS TIP

⑦

Kinderrad 16″ JET-STAR Einschl. Seitenstützräder **99.-**

Dieses Kinderrad 16″ JET-STAR für 4- bis 7jährige biet raschend viel für den Preis: ein Neckermann-PREIS-T Stabiler 2-Rohrrahmen mit Keilantrieb, kugel ter Steuersatz. Sicherheit durch Freilauf bremsnabe, Vorderrad-Kabelstoßbremse. Markenbereifung 16×1,75″, Chrom-Gepäckträ schließlich Seitenstützräder. Farben: Blau (15) oder Ro

695/432	Komplettpreis (mit Stützräder)

Jugend-Klapprad 18″ JET STAR **105.-**

Jugend-Kla JET-STAR. 12jährige. St rahmen. K verstellb. gel, Vord genbremse, Rücktrittbr 2farbige 18×1,75″, lerpedale. F

695/505

Passende S räder. Pos.

OHNE BILD **Klapprad STAR.** Ab Mod. Ra Vorderrad bremse, fung, Frei trittbremsna tenstützräde wie vor. Or

695/424

Rudi Altig sagt:
Herbst und Winter haben
viele schöne „Trimm-Dich-fit"-Tage!
⑪ „BONANZA"
einschl. Beleuchtung
und Parkstütze nur
199.–
Mit Original-SACHS-
Dreigang-TORPEDO

BAD

8

Vorwort

»Ein Bonanzarad! Wow, das habe ich lange nicht gesehen. Darf ich ein Foto machen?« So oder so ähnlich fallen die Reaktionen aus, wenn Menschen zufällig irgendwo in Deutschland ein Bonanzarad erspähen. Kein Zweifel: Das Ding bewegt! Und zwar nicht nur seine Besitzer, sondern noch viel mehr Betrachter und Bewunderer. »Was waren das für wilde Zeiten, damals in den 70ern?« Es ist vor allem die Generation Ü50, die mit den 70er-Jahren ganz spezielle Erinnerungen verknüpft: an das Stieleis Brauner Bär vom Kiosk an der Ecke, an Dr. Sommer und seine Aufklärungstipps in der *Bravo*, an die Songs von Slade und Sweet und natürlich an das Bonanzarad.

Aber warum heißt das Rad mit dem Geweihlenker, dem Bananensattel und der Sissybar in Deutschland so? Wer hat es erfunden? Wie konnte es so erfolgreich werden? Das waren zentrale Fragen, auf die Autor Jörg Maltzan jahrelang keine Antworten fand, worauf er mit seinen Recherchen begann. Dabei stieß er auf Grafikkünstler Alex Ziegler und Fotograf Martin Langhorst, die das spezielle Jugendfahrrad ebenfalls umtrieb. Quellen, Dokumente und Literatur zu dem Thema sind rar. Für das Trio Ansporn genug, sich dem Bonanzarad aus den unterschiedlichsten Blickwinkeln zu nähern: historisch, künstlerisch, fotografisch und nicht zuletzt aus der popkulturellen Perspektive.

Welche verblüffend verbindende Wirkung das Rad vor 50 Jahren hatte und wie groß seine Strahlkraft bis heute ist, zeigt das Buch in spannenden Kapiteln von *Born in the USA* bis zu *Next Generation: BMX und MTB machen alles besser*. Entstanden ist eine Bonanzarad-Bibel, die ihren Namen zu Recht trägt. Die nicht nur tief in die Geschichte eintaucht, sondern auch Menschen und Originale beleuchtet, die sich heute dem Bonanzarad-Kult verschrieben haben, die *Wilden Reiter*. Und wer schon immer wissen wollte, warum die Knüppelkonsole auf dem Oberrohr von Insidern auch als Pornoschaltung tituliert wird, findet die Erklärung auf den folgenden Seiten.

Take a Ride on the Wild Side!

2
SCREAMER

Born in the USA

Wo und wie alles begann: Amerikanische Kids pimpen alte Drahtesel und erfinden einen Megatrend

CHAMPION

Kalter Krieg und Space Age

Amerika Mitte 1962: Präsident John F. Kennedy lenkt die Vereinigten Staaten durch unruhige Zeiten. Gerade eineinhalb Jahre ist er im Amt. Nur noch 18 Monate sollen folgen, bis er in Dallas einem Attentat zum Opfer fällt. Politisch hochexplosive Ereignisse wie die Kubakrise, der sich zuspitzende Vietnamkrieg und das Aufbegehren der Bürgerrechtsbewegung um Martin Luther King verlangen dem jungen Staatsoberhaupt nicht nur diplomatisches Geschick ab, sondern prägen auch sein Charisma wie bei keinem anderen US-Präsidenten vor ihm. Grenzenloser Enthusiasmus und bittere Enttäuschungen liegen nah beieinander in diesen Tagen.

Mitten im Kalten Krieg mit seiner aufgeladenen politischen Weltlage versprüht Kennedy ein Maximum an packendem Optimismus. So verkündet er zwei Monate vor dem Mauerbau in Berlin in einer flammenden Rede, dass die USA einen Menschen zum Mond schicken werden. Schon im Februar 1962 umkreist John Glenn als erster Amerikaner dreimal die Erde in seinem Friendship-7-Raumschiff. Der Wettlauf um die Vorherrschaft im Space Age gewinnt immer rasanter an Fahrt. Endlich schließen die USA zum Erzrivalen UdSSR auf. Fun vor Frust. Ein unerschütterlicher Optimismus gehört zu den prägenden Merkmalen der amerikanischen Gesellschaft.

Während der Astronaut John Glenn in seiner Kapsel mit 28.000 Kilometern pro Stunde um den Erdball rast, bewegt sich 256 Kilometer darunter ein ganz anderes Phänomen auf einen neuen Höhepunkt zu. Besonders in Südkalifornien hat sich eine sehr spezielle Fahrradszene entwickelt. Sie verwandelt eher spießige Großserienvelos in spaßige Funbikes. Angelehnt an den Tuning-Trend der Auto- und Motorradszene, eifern dabei Teenager den motorisierten Vorbildern nach und rüsten ihre Fahrräder mit allerlei Anbauteilen auf. Vor allem rund um die Stadt San Diego gibt es bereits in den späten 50er-Jahren eine lebendige Umbauszene, die billige 26-Zoll-Ballonreifen-Fahrräder individualisiert.

Vom Paperboy-Bike zum High-Riser

Zweifellos das wichtigste Nachrüstteil der Kustomizing-Bewegung (der Begriff Customizing greift weiter und bezieht sich auf Produkte aller Art; Kustom-Bikes dagegen sind experimenteller, kreativer, individueller, wilder ...) ist der modifizierte Lenker. Speziell das Weiter-nach-oben-Legen der Lenkstange setzt sich ab 1958 zunehmend durch. Motto: Je höher, desto besser. Bei Lenkergriffen, die über den Kopf des Fahrers reichen, drohen Taubheitsgefühle in den Händen. Auch wird in den Zeitungen über eine erhöhte Unfallgefahr durch die High-Riser berichtet. Sogar der von Autoherstellern gefürchtete US-Verbraucherschutzanwalt Ralph Nader, Verfasser des berühmten Buches *Unsafe at Any Speed*, soll sich in die Diskussion eingeschaltet haben. Auch er lehnt die neue High-Riser-Mode aus Gründen mangelnder Sicherheit ab. Der Trend sorgt schließlich Anfang der 60er-Jahre dafür, dass die Polizei Fahrräder kontrolliert und gegen die jugendlichen Bike-Tuner

Der legendäre Dragstrip im kalifornischen Irvine dient als perfekte Kulisse für dieses Schwinn-Werbefoto von 1968 für die neuen Krate-Modelle. Wie ein Dragster trägt das Stingray vorn ein kleineres Rad als hinten. Die Rennstrecke mit ihrem Tower war bis 1983 in Betrieb.

1961

1962

HUFFY 'PENGUIN' BIKE

$52.95

THE 20" SENSATION
STURDILY BUILT
WITH BOTH HAND
& COASTER BRAKES

COMPLETE HOBBY CENTER
GUARANTEED BICYCLE REPAIRING

Norwood Cyclery
16141 NORDHOFF
SEPULVEDA Near Woodley
EM 4-6069

Anfang der 60er-Jahre setzt an der US-Westküste ein Tuning-Hype ein. Die gepimpten 26-Zoll-Räder tragen sehr hohe Lenkstangen und Motorradsitzbänke und bereiten so den Boden für die ersten Serien-High-Riser.

1963

Das Huffy Penguin ist eine Erfindung von Pete Mole (oben rechts). Die ersten Prototypen erscheinen 1962. Danach wird es in Großserie von der Huffmann Company in Ohio gefertigt.

Albert »Al« Fritz (links) ist der Vater des Schwinn Stingray. Dieses Modell läuft ab 1963 in Chicago vom Band.

Verwarnungen ausspricht. 1963 schließlich kommt es zu einem Verbot für Lenker, deren Handgriffe die Schultern der Fahrer überragen. 20-Zoll-Fahrräder indes trifft der Bann nicht direkt. Bei ihnen liegen Vorbau und Lenkerbefestigung in der Regel tief genug, um nicht unter die neuen Höhenbegrenzung zu fallen.

Auslöser der Hochbaumode sind die Paperboys, also die Zeitungsausträger, die ihre Fracht gewöhnlich auf dem Oberrohr transportieren und durch einen höheren Lenker Platz für mehr Zeitungen gewinnen. Folglich werden in den Fahrradläden zunehmend verlängerte Vorbauten, sogenannte Gänsehälse (goosenecks), sowie Hochlenker (riserbars) nachgefragt. Ein Trend, den die Zubehörindustrie dankbar bedient und die entsprechenden Teile in die Geschäfte liefert. Etwa zu dieser Zeit kommt erstmalig der Begriff High-Riser in Mode. Übersetzt bedeutet er etwa Fahrrad mit Hochlenker. Ganz besonders die von der Firma Persons Majestic in der Nähe von Boston erfundenen und hergestellten Polo seats (Bananensättel) werden schnell knapp. Die verstärkten Anfragen und Bestellungen der Bikeshops führen natürlich zu Lieferengpässen und bleiben darum auch den Großhändlern und Marketingexperten in den Fahrradfirmen nicht verborgen. Zwei von ihnen beginnen sich intensiver mit dem Nachfrageboom zu beschäftigen: Pete Mole vom kalifornischen Teile- und Fahrradvertreiber John T. Bill & Company sowie Albert Fritz, Entwicklungsleiter beim Zweiradgiganten Schwinn aus Chicago.

Der erste Serien-High-Riser

Nachdem Pete Mole sich näher mit dem boomenden Bestelleingang – besonders für Hochlenker – beschäftigt hat, hält ihn nichts mehr am Schreibtisch. Was ist da los an der Grenze zu Mexiko? Warum kaufen die da unten wie verrückt Hochlenker und Bananensättel? Ab nach San Diego! Mole reist Mitte 1962 über den Freeway vom Firmensitz Glendale bei Los Angeles in die Millionenmetropole am Pazifik. Ein guter Zeitpunkt. Denn es sind gerade Sommerferien. Überall entdeckt der Vertriebsexperte umgebaute Räder mit Hochlenkern, Bananensätteln und groben Stollenreifen. »Der Trip hat mir die Augen geöffnet«, sagt Mole später in einem Interview. Schnell steht für ihn fest: So ein High-Riser-Rad mit Geweihlenker, Bananensattel und 20-Zoll-Reifen sollte in Serie gebaut und im großen Stil angeboten werden. Das verspricht ein gutes Geschäft zu werden.

Die Sache hat nur einen Haken: John T. Bill & Company ist eine reine Vertriebsfirma, kein Fahrradhersteller. Darum bemüht Mole seine Kontakte zu Geschäftspartnern bei der Huffmann Company in Ohio, einem wichtigen Fahrradbauer in den USA. Die haben die Mittel, so Moles Kalkül, das Projekt professionell und zügig umzusetzen.

Das Huffy Penguin und der Ideenklau

Doch die Verhandlungen sind wider Erwarten zäh wie Kaugummi und münden schließlich in einem faulen Kompromiss. Bei Misserfolg will Huffmann kein finanzielles Risiko. Heißt: Für den Fall, dass sich die Räder nicht verkaufen, sollte Mole

Nicht nur die High-Riser selbst verkaufen sich rasend schnell, sondern auch Zubehör aller Art. Das Aufrüsten mit Spiegeln, Spritzlappen und Tachos gehört bei jugendlichen Fahrern einfach dazu.

alle speziell für den High-Riser angefertigten Teile abnehmen. Ganz offenbar hat Huffmann nur wenig Vertrauen in das Projekt und speist den alten Freund Mole mit einer Gefälligkeit ab. Kein Wunder also, dass es viele Monate dauert, bis der Freundschaftsdienst endlich zustande kommt. Wertvolle Zeit geht verloren, denn durch die Verzögerungen kommt die Neuentwicklung nicht zur Weihnachtssaison 1962 auf den Markt. Erst im Januar 1963 ist das Rad fertig. Preis: 53 Dollar. Name: Penguin. Farbe: schwarzer Rahmen, weißer Sattel. Nur in dieser einzigen Kombination gibt Mole das Rad bei Huffmann in Auftrag. Zuvor hatten viele Bezeichnungen die Runde gemacht, doch angesichts der markanten Farbkombination drängt sich der Name nach dem Seevogel förmlich auf.

Ein »Einfach-mal-machen-Fahrrad«

Auf den Auslieferungszeitpunkt bezogen, ist somit eindeutig belegbar, dass mit dem Huffy Penguin der erste Serien-High-Riser geboren war. »Wir arbeiteten nach dem Kiss-Prinzip«, erinnert sich Mole viele Jahre später. Das steht für »**K**eep **i**t **s**imple, **s**tupid«, was etwa bedeutet: »Halt es einfach, Dummkopf«, die typische coole Art, mit der in den USA gern Abläufe und Prozesse beschrieben werden. So gesehen ist das Penguin ein lässiges »Einfach-mal-machen-Fahrrad« und kein ausgefeiltes Produkt strategischer Überlegungen.

Doch trotz aller Lockerheit ist das Verhältnis zwischen Auftraggeber Mole und Hersteller Huffmann nicht einfach und kühlt noch weiter ab. Besonders als Ende 1963 Huffmann eigene High-Riser-Varianten als Monark Avanti und Huffy Brodie für etwas mehr als 40 Dollar über Discountstores auf den Markt bringt. Die ursprüngliche Skepsis an Moles Plan weicht offenbar schnell der Angst, hier einen wichtigen Trend zu verpassen. Ist das legitime Konkurrenz oder dreister Ideenklau? Fakt ist: Mole hat im guten Glauben auf einen Exklusivvertrag mit Huffmann und damit auf einen Kopierschutz

Das erste Stingray kommt in der Basisausführung ohne Schutzbleche auf den Markt und kostet 49,95 Dollar.

verzichtet. Als das Penguin den Fahrradhändlern aus den Händen gerissen wird und insbesondere Discounter nach dem Bike betteln, nutzt Huffmann die Vertragslücke und produziert kurzerhand seine eigenen High-Riser in nahezu identischer Ausführung. Mole ändert daraufhin frustriert den Namen des Huffy Penguin in Dayton Deluxe Penguin.

Angesichts dieser Verwerfungen ist dem Penguin, dem ersten Großserien-Bonanzarad made in USA, kein lang anhaltender Erfolg vergönnt. Ganz anders als dem Schwinn Stingray, das zwar erst als Nummer zwei auf den Markt kommt, aber deutlich erfolgreicher und länger verkauft wird. Wohl aus diesem Grund wird das Stingray in der Literatur oft fälschlicherweise als das erste High-Riser-Produktionsmodell tituliert. Und Al Fritz als sein Erfinder.

The winner takes it all

Sogar die seriöse *New York Times* nennt ihn den Vater des High-Risers: Albert John Fritz aus Chicago, Illinois. In vielen Quellen ist es so fälschlicherweise zu finden. Pete Moles Penguin schafft es definitiv ein paar Monate vorher auf den Markt. Doch Fritz ist es, der dem neuen Radtypus zum massiven Erfolg verhilft. Denn Fritz hat die große Fahrradmarke Schwinn im Rücken. Schwinn hat eigene Fabriken. Schwinn hat eigene Händler. Und Schwinn hat deutlich mehr Marktmacht als die schwierige Kooperation zwischen Mole und der zögerlichen Huffmann Company aus Ohio. Schwinn wurde schon 1895 von den beiden deutschen Einwanderern Ignaz Schwinn und Adolph Frederick William Arnold gegründet.

Es ist ein kalter Wochenendtag im Januar 1963, als bei Al Fritz in Chicago das Telefon klingelt: »Hey, Al. Du glaubst nicht, was hier abgeht! Die Kids bauen ihre Räder um wie verrückt: Bananensättel statt Seriensitzen, hohe Schmetterlingslenker statt flacher Stangen. Die Dinger sehen sportlich und cool aus«, berichtet Sigurd Mork am anderen Ende der Leitung. Mork ist Schwinns Verkaufsmanager im sonnigen Kalifornien. Fritz hört aufmerksam zu, was sein Freund gut 2.000 Meilen weiter westlich beobachtet hat. Denn als persönlicher Assistent von Firmenchef Frank W. Schwinn und Entwicklungsleiter hat er immer ein offenes Ohr für Trends und Moden.

Typhoon wird zum Stingray-Prototyp

Bananensättel kennt Fritz. Hersteller Persons hat sie schon seit 1959 im Programm und stattet damit Fahrräder für den Bike-Polosport aus. Fritz lässt sich einige Testmuster schicken. Firmenchef Robert Persons hatte Schwinn vorgeschlagen, die Langsättel an Tandemmodellen zu verbauen. Hochlenker bzw. Texas-Bullhornlenker oder auch Schmetterlingslenker, wie Mork sie nennt, sind Fritz dagegen neu. Um eine genauere Vorstellung von dem ungewöhnlichem Fahrradhype zu bekommen, ordert Fritz mehrere Lenker von der Westküste. Außerdem kontaktiert er Zulieferer wie Wald Manufacturing und Pearsons, um sich ein noch genaueres Bild von der Marktsituation zu machen.

Dann geht alles Schlag auf Schlag: Fritz entscheidet, einen Schwinn-Prototyp des kalifornischen Sportfahrrads aufzulegen. Obwohl seine

Chefetage sich skeptisch zeigt, entwickelt Fritz zusammen mit Chefingenieur Frank Brilando aus dem 20-Zoll-Typhoon-Kinderrad eine erste Version. Anfang April ist sie fertig. Zu einem Zeitpunkt also, als Pete Mole mit seinem Huffy Penguin bereits Monate in den Fahrrad-Schaufenstern mit einem Serienmodell vertreten ist.

Nur wenige Tage darauf stirbt Firmenchef Frank Schwinn an den Folgen einer Krebserkrankung. Zu seiner Beerdigung erscheinen Industriepersönlichkeiten aus den gesamten USA. Es mag pietätlos klingen, aber das Geschäft muss trotz des Trauerfalls weitergehen. Auch ohne Frank, den Boss. Also bittet Al Fritz drei der wichtigsten Fahrrad-Vertriebschefs, in die Schwinn-Fabrik an der North Kostner Avenue zu kommen. Dort präsentiert er ihnen seine Neuentwicklung. Erste Reaktion: Schweigen. Die Männer drehen die Köpfe, schauen sich in die Augen. Dann folgt Gelächter. Soll das ein Witz sein? Ein komisches Kinderrad als profitables Massenprodukt? »Al, diese Bastelei verkauft sich nicht«, kritisieren sie Fritz. Doch der lässt nicht locker: »Nicht faseln, fahren«, fordert Fritz. Als Teststrecke dient die Lackiererei. Zögerlich setzt sich ein Anzugträger nach dem anderen auf Fritz' High-Riser. Wie kleine Kinder kurven die Manager um die Stützpfeiler. Immer schneller, immer wilder. Und wieder lachen sie. Doch dieses Mal nicht aus Hohn, sondern aus Begeisterung. Das Rad macht an. Aus Spott wird Spaß. Viel Spaß!

Aus Hohn wird Begeisterung

Nur die neuen Bosse ganz oben bleiben skeptisch. Nach dem Tod des Chefs übernehmen die beiden Schwinn-Söhne die Firmenleitung. Sie sehen wenig bis keine Chancen für das neue Fritz-Projekt, geben aber trotzdem grünes Licht. Dem Unternehmen geht es gut, es ist gesund und stark genug, eine Fehlentwicklung im Segment der Kinderräder zu verkraften. Also macht sich Fritz auf die Suche nach einem treffenden Namen. Angeblich sollen ihn die hohen Lenkerenden an einen Stachelrochen (Sting-ray) erinnert haben. Wahrscheinlicher steckt hier – anders als beim Penguin – eine kühle Marketingüberlegung dahinter. Die enge Anlehnung der Fritz-Erfindung an getunte Motorräder schreit eigentlich nach einer Namensgebung aus der Chopper-Szene. Das Problem daran: Die gepimpten Motorräder sind verstärkt in Banden und Gangs beliebt, die häufig mit dem Gesetz in Konflikt geraten oder sich illegal im Land aufhalten. Mit diesen negativen Assoziationen will Schwinn nichts zu tun haben.

Viel braver, aber dennoch faszinierend erscheint den Verantwortlichen wohl eher ein Name aus der Autowelt. Hier kommt für Schwinns High-Riser der Sportwagen von General Motors (GM) ins Spiel. Der heißt seit 1953 Corvette und trägt seit Herbst 1962 den Zusatz Sting Ray. Ein passender Name auch für das neue Fahrrad, befindet Schwinn. Wenig später werden Schwinns Stingray und GMs Corvette Sting Ray gemeinsam auf Werbemotiven abgedruckt. Außerdem erhält das Rad den Claim: »The bike with the sports car st.

20-INCH DRAGSTERS
THE RACY 71's

Popular Styles, Colors with Most Wanted Features

Choice 39.90

1 HER ELEGANT SPEEDSTER! 20-in. 'Lil Gypsy! Malibu hi-rise handlebars, enameled rims . . . billboard tires! Rear coaster brakes. Sturdy woven basket. In Blue/White.
85 N 6767X—Express/Freight.* 43 lb. . .39.90

2 THE RACIEST ONE FOR HIM! In Hot Canary Yellow with all the features a young man could ask for! 20-inch cheater slick rear tire, enameled fenders—triple racing stripes, deluxe bucket saddle. Positive-action coaster brakes. 20-inches.
85 N 6775X—Exp./Frt.* 45 lb. 39.90

**Allow 10 days, plus transit, for delivery.*

PARENTS' NOTE: Bicycles conform with

2 HIS . . . Super Sport design lets him get around in style!

HAVE FUN . . . GO HUFFY . . . THEY'RE DISCOUNT PRICED AT SPIEGEL

Deluxe dragster has precision console 69.95

"Sling shot" rail derailleur by Huffy humbles the competition with its dual-stick console . . . Black gear shift tells what speed you're in; Red brake lever lets you ease to a stop. Also serves as a parking brake. Exciting "Combo" colors highlight the low, sporty frame. Also features bright chrome-plated Malibu handlebars and Sissy Bar with quilted glitter headrest and matching quilt bucket saddle. Rear cheater slick tire with dual Red bands really bites the road for get-away traction! 16-in. front wheel has Lightwheel suspension for positive steering control. Front, rear caliper handbrakes add an extra margin of safety. Chromed "Flaming Stack" chainguard with fiery Red inserts. Front tire: 16x1.375; rear, 20x2.125. Ball-bearing pedals, kickstand, rear reflector incl. See note on opposite page. 20-in. size for ages 9 and over. Sh. wt. 48 lbs.
M36 X 7377. Frost Lemon/Nile Green. 69.95

Stick-shift dragster with woodgrain console 59.95

- 5-speeds for racing or cruising
- Dual caliper brakes stop fast
- Front suspension—steers easy
- Bucket seat for riding comfort

Huffy's new "sling shot" rail has woodgrain console with derailleur stick shift and 5 speeds. Front and rear caliper hand brakes mounted on chromed Malibu handlebars. Front suspension 16-in. wheel for steering ease. Dual racing striped bucket saddle seat, and chromed chainguard with "Flaming Stack" and fiery Red inserts. Jet-getaway rear cheater slick tires with red bands: 20x2.125; front tire: 16x1.375. Pedals, kickstand, rear reflector, and 48-in. Sissy bar incl. See assembly, shipping on opposite page. 20-in. size for ages 9 and over. (48 lbs.)
M36 X 7378. Rally Bronze. 59.95

- Hi-rise handlebars steer easily
- Woven basket carries books, bundles
- Coaster brakes work easily, surely

MISS AMERICA BY HUFFY just right for young ... White woven basket has gay floral trim ... bucket saddle accented with floral decor. Chrome hi-rise handlebars and rims. Rear coaster brake ... sure, easy stops. Tri-band Whitewall tires ... Kickstand, chainguard, rear reflector incl. See assembly and shipping note on opposite page. 20-in. size for ages 9 and over. Shpg. wt. 40 lbs.
M36 X 7369. Astro Blue. 44.95

HERS ▼

HIS or HER SPORTSTER
your choice 44.95

▲ HIS

- Sissy bar has glitter headrest
- Super-grip cheater slick rear
- Dazzling chromed fenders, rims

HUFFY SPORT DRAGSTER with "Cheater slick" rear tire puts you ahead in any race! Two-tone quilted glitter saddle. Racer's "Flaming stack" chainguard. Malibu handlebars, with color-keyed sparkle grips. Front handbrake, rear coaster brake. Blackwall tires front, 20x1.75; rear, 20x2.125. Kickstand, rear reflector included. See assembly and shipping note on opposite page. 20-in. for age 9, up. Sh. wt. 42 lbs.
M36 X 7371. Seafrost Green. 44.95

DELUXE 26-INCH HUFFY BIKES

Mid-weight . . .

Boy's or Girl's 49.95 Huffy Camaro

- Doubly sturdy twin-arch frame
- Chromed fenders, rims, handlebar
- Two-tone saddle; twin headlamps

Deluxe middleweight looks as sleek as a camaro, yet priced low! Features extra sturdy twin-arched steel frame; sure-stop rear coaster brakes; convenient luggage carrier; full length safety chainguard; big 26x1.75 whitewall tires; built-in dual headlights (use 2 "D" batteries; not included); rear reflector and kickstand.
See assembly and shipping note, bottom of page. 26-inch bike for ages 9 and over; 28 to 33-inch leg reach. Shipping weight 49 lbs.
M36 X 7245. Boy's Seafrost Green. 49.95
M36 X 7246. Girl's Arctic White/Magenta. . . .49.95

Lightweight . . .

Boy's or Girl's 49.95 3-speed lightweight

- Smooth 3-speed twist-grip shift
- Dual caliper handbrakes stop fast
- Luggage carrier . . . Whitewalls

Lightweight sparkles with chromed fenders, rims, luggage carrier, ball headlamp (uses 1 "D" battery; not incl.). Whitewall 26x1 ¾-inch tires. Kickstand, chainguard, rear reflector. Comfortable two-tone saddle. See assembly and shipping note at bottom of page. 26-inch bike for ages 9 and over; 28 to 33-inch leg reach. (48 lbs.)
M36 X 7354. Boy's Seafrost Green. 49.95
M36 X 7355. Girl's Seafrost Green. 49.95

Exclusive Huffy Wheel

Cheater slick dragster with 5-on-the-bar 54.95

Built for speed by Huffy! Just shift T-Bar and step on pedals; cheater-slick rear tire bites the turf . . . and you take off like a jet. Gleaming painted fenders, frame, and White banana saddle seat plus chromed Malibu handlebars and rims give it a road racers look. Instant-action front and rear caliper handbrakes. Blackwall tires: 20x1.75 front; 20x2.125 rear.
Equipment includes handgrips, kickstand, chainguard and rear reflector. See assembly, shipping note below. 20-inch bike for ages 9 and over. Shipping weight 46 lbs.
M36 X 7256. Carnaby Red. 54.95

The newest dragster—steers just like a sports car 54.95

Huffy's fabulous rail-frame dragster has the latest glittering Blac... finished Mag-type steering wheel! Not only sharp looking, b... with lightweight front end . . . steers like a dream. Sit comfor... ably in racing striped bucket saddle seat backed by a 48-in. hig... chromed Sissy bar. Stop surely, thanks to rear coaster brake... Blackwall tires: 20x1 ¾-in. front; road gripper 20x2.125 "cheat... slick" on rear. Also has kickstand, rear reflector, chainguar... See assembly and shipping note, bottom of page. 20-in. bike f... ages 9 and over. Shipping weight 48 lbs.
M36 X 7327. Rally Bronze. . . . . .54.9...

Flashy 3-speed dragster with T-Bar stick shift 49.95

Huffy builds-in these race-track features! New Astro-Blue frame set off with flashy pin-stripe fenders. Precision 3-speed T-Bar stick shift, plus instant-action front and rear caliper handbrakes. Chrome-plated hi-rise Malibu handlebars and wheel rims gleam in the sun! Sporty White banana saddle seat. Blackwall tires: 20x1.75 front and heavy-duty 20x2.125 cheater slick rear. Kickstand, rear reflector, chainguard and handgrips included.
See assembly and shipping note, bottom of page. 20-in. bike for ages 9 and over. Shipping weight 44 lbs.
M36 X 7254. Astro Blue. 49.95

The rugged Malib... our lowest-priced drags... 33.95

Huffy built, but Spiegel priced! Boasts the doubly strong ... arch frame construction. Chromed, hi-rise Malibu handle... White bucket saddle and White painted rims. Rear coaster br... for fast, sure stops. Blackwall tires: front, 20x1.75; heavy ... studded rear, 20x2.125. Equipment includes handgrips, kickst... rear reflector and chainguard. See assembly and shipping ... bottom of page. 20-in. bike for ages 9 and over.
M36 X 7250. Carnaby Red basic dragster. (37 lbs.). . . . . . .33...
Dragster Special with "Cheater slick" rear tire, painted fen...
M36 X 7252. Carnaby Red. (40 lbs.) . . . .

All bicycles on these 2 pages are shipped freight or express; almost completely assembled, just attach the seat, handlebars and pedals.

-speed SCREAMER $63.95 cash $5 monthly

an exciting Spyder. Exclusive auto-racer styled, slope-down frame. power-grip highrise handlebars. And a new, exclusive bucket seat ar reflector. Dual rear caliper hand brakes and safety brake shoes. -plated fenders, handlebars, chainguard and rims give this bike a zesty. g sheen that flashes "cool" everywhere you go. 125-inch cheater slick red line rear tire. 16x1⅜-inch red line front tire. ed, yellow over-spray on rear.
23N—Shipping weight 38 pounds.......... $63.95

Single-speed 20 + 16 Spyder

New lightweight front suspension with 'mock' coil spring. Backrest with 36-inch sissy bar. Bendix coaster brakes *plus* rear-mounted safety hand brake with easy reach hand grip. Billboard (white lettering) tires: 20x2.125-inch cheater slick rear; 16x1⅜-in. lightweight front. Smart frost lemon frame; black and frost lemon banana seat and backrest. Chrome-plated fenders, rims, power grip highrise handlebars, flaming stack chain guard with fiery red inserts. Really smooth—both in operation and appearance!
6 H 47675N—Shipping weight 38 pounds.......... $48.95

20-inch Spyders

Even at this Low, Low Price ...$29.85...

ou get bucket banana t, highrise handlebars

f Spyder for so little money! And of color too: flamboyant red . . chrome-plated highrise han- s . . black bucket seat with red eflector . . white-painted rims. speed, coaster brake, chain , kickstand. Knobby-tread 20x in. rear tire; middleweight 20x n. front tire. Ready to acces- . . see pages 915 and 916. pping weight 37 pounds.
657N—*$2.25 mo.*...Cash $29.85

Single-speed Spyder with oversize sprocket for extra-fast starting and extra speed. You'll like the dramatic flamboyant magenta color of the frame, too, and matching magenta glitter bucket seat. The bike is made even more deluxe in appearance by gleaming chrome-plated support bar, chain guard, rims and power grip highrise handlebars. 20x2.125-in. cheater slick rear tire grips the road; 20x1.75-in. front tire. Bendix coaster brake. Adjustable leg reach.
6 H 47665N—Shpg. wt. 40 lbs.... $41.85

See pages 735 to 741 for complete Credit Terms and States where applicable

20-inch 5-speed Spyder

Deluxe high-back silver color glitter bucket banana seat gives you a built-in back rest

$59.45 cash
$5 monthly

Features include 5-speed stick shift with chrome-plated console atop the flamboyant blue frame. *Plus* a built-in padded high-back Spyder saddle that lets you sit "tall in the saddle" (silver color glitter bucket seat, that is) and relax as you ride. *Plus* flashing chrome-plated fenders, chain guard, back bar, rims, power grip highrise handlebars, rear spoke protector. Big red rear reflector. Don't buy this bike if it bothers you to be envied by the other guys and admired by the girls! Derailleur gear changer; 34 to 69 gear ratios. Front and rear caliper hand brakes with easy reach hand grips and safety brake shoes. Red line 20x2.125-inch cheater slick rear tire; red line 20x1.75-inch front tire. Adjustable leg reach.
6 H 47693N—Shipping weight 40 pounds.......... $59.45

PCBKM AEDSLG Sears 909

SPEED Pretty, feminine bikes with everything nice

Exciting color-coordinated psychedelic flower power seat sets the feminine high-rise touch to this easy-pedaling, easy stopping coaster brake bike. Matching pop art vinyl flower basket completes the mad-mod look. Gleaming sportster fenders, rims, trim accent the metallic lilac frame. Adjustable handlebars. 20x1.75-in. dual whiteline tires. Large 3-inch rear safety reflector. Ship. wt. 39 lbs.
60 B 31105 R—Flower basket filly bike.......... 47.95

"Ride-together" fun for

• Both tandems accommodate adult

A **Ideal for shopping,** delivering newspapers . . . has dependable coaster brake. Chrome-plated fenders, handlebars, rims. 26x1.75-in. black tires. Flamboyant blue, white trim. 19x15x10½-in. wire basket. Canopy not included . . . order separately below.
60 B 32922 R—Ship. wt. 65 lbs.......... 127.00

B **Fringed blue and white canopy only.** Surrey style . . . for 3-wheeler above.
60 B 34221—Ship. wt. 5 lbs.......... 18.95

Wards CHARG-all Plan . . . For complete credit terms, see pgs. 1441-42.

Spätestens Mitte der 60er-Jahre setzt in den USA ein wahrer High-Riser-Hype ein. Ob Fachhandel, Kaufhäuser wie Sears oder Versandunternehmen – sie alle bringen die neuen Jugendfahrräder unter fantasievollen Namen ins Programm.

Die Kampagne nimmt Fahrt auf; ein Erfolg scheint programmiert. Nur der neue Firmenboss Frank V. Schwinn bleibt noch zurückhaltend. Fritz bietet seinem zaudernden Chef eine Wette an: »Frank, wir werden bis zum Jahresende 25.000 Stück davon verkaufen.«

Im Mai 1963 laufen die ersten J–38, so der interne Werkscode, in Chicago vom Band. Einen Monat später taucht das Stingray in den Showrooms auf. Und steht nie lange. Im Gegenteil: Das Käuferinteresse ist so groß, dass viele Räder vorbestellt werden – zumindest in Kalifornien. In den anderen US-Staaten tun sich die Händler anfangs schwer. Sie ordern meist nur ein Ausstellungsmodell. Doch noch während des Sommers erfasst quasi die gesamte USA ein verblüffender Stingray-Boom. Bis zum Jahresende verkauft Schwinn 45.000 Stück. Deutlich mehr hätten noch abgesetzt werden können, wäre Schwinn nicht der Nachschub an Hinterrädern ausgegangen. Fritz schmunzelt; die Wette gegen seinen Chef hat er gewonnen.

High-Riser werden zur Massenware

Der plötzliche Erfolg macht natürlich schnell die Runde in der Industrie. Zügig tauchen Nachahmer auf: Ob Sears, Montgomery Ward oder JC Penney – alle großen US-Versandhäuser und Handelsketten nehmen schnell eigene High-Riser mit Namen wie Spyder oder Swinger ins Verkaufsprogramm. Ein sehr frühes Modell ist auch das Roadmaster Renegade, das von der AMF Corporation in Olney, Illinois, hergestellt wird. Irrtümlich wurde als Marktstart lange 1962 genannt, was das AMF neben dem Huffy Penguin zum ersten Serien-High-Riser gemacht hätte. Tatsächlich jedoch kommt das Roadmaster Renegade erst 1964 in die Geschäfte. Zu den großen Marken, die früh auf High-Riser setzen, gehört Ross Bicycles. Das Ross Polobike gibt es schon Ende 1963. Danach ist das Ross Baracuda eines der ersten Modelle mit einem langen Schalthebel auf dem Oberrohr. Außerdem hat es eine imitierte Telegabel verbaut, wie sie später in Deutschland an den meisten Bonanzarädern zu finden ist.

Nach und nach steigt die Zahl der High-Riser-Anbieter immer weiter. Ausstattungen und Details variieren dabei so stark wie die fantasievollen Namen. Zu ihnen gehören das Murray Firecat, Columbia Mach 5, Sears Gremlin, Royal Sport Jet Star, Western Flyer Wheelie Bike, Huffy Cheatersilk und Coast King, Grants Slingshot, Ross Apollo. Bei der Rahmenform zeigen sich die meisten US-Hersteller konservativ und bleiben beim geschwungenen Cantilever-Rahmen. Ausnahme: Murray. Das Eliminator, das 1967 auf den Markt kommt, ist gradliniger gestaltet und könnte ein Vorbild für die Bonanzaräder made in Germany sein.

Von Anfang bis Ende der 60er-Jahre sorgt der High-Riser-Hype maßgeblich dafür, dass sich die jährlichen Fahrradverkäufe in den USA von vier auf knapp acht Millionen Exemplare verdoppeln. Ein Erfolg, der selbst große Optimisten wie Al Fritz überrascht haben dürfte. Schwinn ist mit seinem Entwicklungschef Fritz zwar nicht die erste Firma, die einen High-Riser in Serie produziert, aber sie verhilft ihm zum landesweiten Durchbruch und erhebt das Stingray in den Rang einer Fahrradikone. Natürlich findet der Trend im Nachbarland Kanada Nachahmer. Ein besonders bemerkenswerter Entwurf ist das Wedge der Canadian Tyre Company. Es ähnelt ebenfalls stark den deutschen Bonanzarädern, die etwas später auf den Markt kommen. Gleiches gilt für ein weiteres Modell aus Kanada: Das Tribisa Coster sieht ebenfalls deutlich maskuliner aus als die Stingrays. Unter anderem deshalb, weil The Wedge und das Coster auf eine Mischbereifung mit einem 16-Zoll-Rad vorn und einem 20-Zoll-Rad hinten setzen – eine Auslegung, wie sie ab 1968 auch bei den Stingrays mit dem Krate sehr beliebt wird. Ein weiterer 16/20-Zoll-High-Riser ist das Columbia SSS von 1969. Es sieht dem Easy Rider aus Italien und auch einigen deutschen Derivaten mit ihrem extrem langen Telegabelimitat ziemlich ähnlich.

Die High-Riser erreichen in Amerika ihren größten Absatz im Jahr 1968. 4,8 Millionen Exemplare werden verkauft. Bis 1974 geht ihre Zahl auf immer noch erstaunliche drei Millionen Stück zurück – 2,4 Millionen davon stammen aus heimischer Produktion. Deutlich spürbar ist zu dieser Zeit ein Modeschwenk: High-Riser bleiben bei Kindern bis 14 Jahren ein echter Hit, ältere dagegen steigen zunehmend um auf schnellere Sporträder mit 24-Zoll oder 26-Zoll-Bereifung. Zu diesem Zeitpunkt ist das Stingray bereits seit mehr als zehn Jahren fest als unverwechselbarer Radtyp in der amerikanischen Popkultur verankert.

Handelskrieg: USA vs. Deutschland

Als die neue Fahrradmode Ende der 60er-Jahre die Alte Welt erreicht, sehen die USA plötzlich ihre Felle davonschwimmen. Nachahmer aus Europa kommen auf den Markt. Auch in den USA. Die amerikanische Fahrradindustrie fürchtet vor allem die Konkurrenz aus Deutschland. Darum ruft sie 1971 sogar die Tarif-Kommission an. Sie soll prüfen, ob Räder mit 20-Zoll-Bereifung, die hauptsächlich an Kinder verkauft werden, eine unzulässige Konkurrenz darstellen. Entwarnung: Obwohl die deutschen Räder unter dem Preis der amerikanischen Produkte liegen – dem sogenannten less than fair value –, sieht die Kommission durch die Deutschlandimporte keine unfaire Beeinträchtigung der amerikanischen Fahrradindustrie. Turbulenzen um die jugendliche Fahrradmode erzeugen aber nicht nur die Wettbewerbsbedingungen, sondern vielmehr Sicherheitsaspekte. Denn an den High-Risern wächst die Kritik durch fragwürdige Fahrdynamik, Stürze und gefährliche Anbauteile. Doch was als verrufen gilt, kriegt manchmal einen besonders begehrenswerten Charme – vielleicht auch ein Grund für die High-Riser-Crazyness, die Ende der 60er-Jahre in den USA auf ihren Höhepunkt zusteuert.

Die Schwinn-High-Riser-Typologie

Anders als das erfolgreiche nur schwarz-weiß lieferbare Huffy Penguin setzt Schwinn schon beim allerersten Stingray auf mehr Vielfalt. Als es Mitte 1963 auf den Markt kommt, ist es in zwei Ausführungen erhältlich: Basismodell ist das J38. Es kostet 49,95 Dollar und hat keine Schutzbleche. Für sieben Dollar Aufschlag offeriert Schwinn das Deluxe Stingray (J39) mit Chromfedern, Weißwandreifen, bequemerem Bananensattel sowie einem extragroßen Katzenauge. Beide Modelle sind in den klingenden Farben Flamboyant Lime, Rot, Radiant Copperstone, Sky Blue oder Violet lieferbar.

Markantes Design, simple Technik

Technisch ist das Rad simpel aufgebaut. Der Cantilever genannte Stahlrahmen besteht aus elegant geformten Rohren, für die eine eigene Biegemaschine nötig ist. Ausgehend vom Steuerkopf, beschreibt das Oberrohr einen elliptischen Bogen bis zu den Ausfallenden des Hinterrads. Darunter liegt ein Zentralrohr, das das ebenfalls stark geschwungen Unter- mit Ober- sowie Sattelrohr verbindet und so eine hohe Rahmenstabilität schafft. Hinten trägt das Stingray ursprünglich einen breiten 20-Zoll-Reifen mit Stollen, vorn eine glattere Version. Dazu kommen ein hoher

Schmetterlingslenker und der stilprägende sogenannte Solo-Polo-Sattel, also eine motorradähnliche Sitzbank, die nicht nur von einer Sattelstütze vorn, sondern zusätzlich hinten von einem U-förmigen Hinterbau aus zwei Stangen gehalten wird. Später übernehmen die Fahrradbauer den Begriff Sissybar aus der Motorradszene für dieses Konstruktionsprinzip. Der lange Kettenschutz trägt den Schwinn-Markenschriftzug. Im Hinterrad verbaut Schwinn anfänglich nur eine Bendix-Ein-Gang-Nabe, die von der Eclipse Machine Company in New York hergestellt wird. Im Katalog heißt es patriotisch: »American made Coaster Brake«, also eine Nabe mit Rücktrittbremse. Vereinzelt kommen aber auch Torpedo-Boy-Naben von Fichtel & Sachs aus Deutschland sowie amerikanische Mattatuck-Naben zum Einsatz.

Bereits 1964 rüstet Fritz das Stingray mit den markanten Slick-Hinterreifen in der Dimension 20 × 2,125 aus. Die Reifen heißen Grashopper, Fasttrak oder Smoothie und werden von Goodyear, US Rubber und Kelly Springfield Tire zugeliefert. Der riesige und für viele unerwartete Erfolg des neuen Radtyps ist eine Bestätigung für Al Fritz und stärkt seine Position bei Schwinn. Es war für ihn daher ein Leichtes, schon kurz nach der Markteinführung weitere Modellvarianten seines High-Risers produzieren zu lassen. Das Stingray selbst bleibt bis 1982 im Programm und ist lange Zeit das bestverkaufte Schwinn-Fahrrad. Parallel entwickelte die Firma aber zahlreiche Derivate, die mit Bananensattel und Hochlenker vom Trend profitieren sollten. Bei einigen geht die Rechnung auf, bei anderen weniger.

Und so taucht schon im 1964er Schwinn-Katalog das erste **Fair Lady** auf – ein 20-Zoll-Spaßfahrrad, das – so Katalog-O-Ton – »nicht nur für Mütter und Töchter, sondern sogar für Großmütter« entwickelt wurde.

Statt des typischen Y-Oberrohrs war das Fair Lady als Tiefeinsteiger mit einem parallel verlaufenden Oberrohr konzipiert. Dazu gibt es einen blumenverzierten Frontkorb. Lackiert ist das Rad wahlweise in Radiant Blue, Violet oder Weiß. Preislich liegt das mit dem Werkscode J88 versehene Frauen-Stingray wie die männliche Version bei 49,95 Dollar.

Das Fastback: skurril, aber bequem

Und so geht es weiter: Dem Fair Lady folgt 1966 das **Fastback**. Auch hier übernimmt Schwinn eine Bezeichnung aus der Autoindustrie. Zum Preis von 69,99 Dollar trägt es einen speziellen Lenker, dessen Enden sich deutlich weiter nach hinten neigen und so eine noch bequemere Sitzhaltung versprechen. 1967 folgt sogar ein besonders kurioses Fastback, bei dem der Lenker wie die Hörner eines Steinbocks geformt ist.

Außerdem hat das Fastback eine Fünf-Gang-Kettenschaltung samt langem Schalthebel auf dem Oberrohr. Der lange Metallshifter mündet in einen Plastikball mit der Aufschrift fünf. Hinten schaltet ein Umwerfer aus Frankreich mit dem sportiven Namen Sprint. Da die Kettenschaltung über einen Freilauf verfügt, kommen vorn wie hinten Felgenbremsen zum Einsatz.

Die Schwinn Stingrays haben in der Basisversion nur eine Ein-Gang-Nabe und keine Schutzbleche. In der Deluxe-Ausführung gibt's viel Chrom, Kettenschaltung und langen Oberrohrschalthebel.

Erstmalig mit Schaltung wird das Stingray 1965 offeriert. Optional zum Basismodell gibt es eine Variante mit Drei-Gang-Sturmey-Archer-Nabe (57,95 Dollar) oder als Topmodell das J3 mit Zwei-Gang-Bendix-Bremsnabe plus Vorderradbremse für 59,95 Dollar. 1966 setzt sich der Trend zu den langen Schaltknüppeln auf dem Oberrohr immer mehr durch.

1967 erweitert neben dem Fastback das **Midget** die Stingray-Modellpalette. Es ist die Kinderversion mit 16-Zoll-Rädern und verkleinertem Rahmen. Lackiert wird das Midget in Blau oder Kupfer.

Mitten im High-Riser-Boom reagiert Schwinn schnell und weitet den Trend sogar auf sein Tandem-Angebot aus. Das **Mini-Twin** ist ein Stingray-Tandem mit 20-Zoll-Weißwandreifen, zwei Bananensätteln und Sissybar.

Zwei Jahre später folgt 1969 das **Stardust**, quasi ein Nachfolger des Fair Lady. Der Tiefeinsteiger mit abnehmbaren Korb zielt auf Mütter und Töchter – von Omas war plötzlich nicht mehr die Rede. Das Stardust gibt es mit Ein-Gang-Nabe (63,95 Dollar) oder als Sturmey-Archer-Drei-Gang-Ausführung mit Schaltgriff am Lenker (73,95 Dollar). 1972 verschwindet das Stardust wieder aus dem Programm.

Ab 1972 hat der Schwinn **Manta-Ray** seinen kurzen Auftritt. Es ist Schwinns Versuch, aus der Teenager-Ecke herauszukommen und dafür zu sorgen, dass auch die Erwachsenen das erfolgreiche Stingray als ernsthafte Anschaffung in Erwägung ziehen. Der Manta-Rochen verfügt über 24-Zoll-Räder, einen vergrößerten Rahmen und einen weniger hohen Lenker als seine 20-Zoll-Brüder sowie eine Fünf-Gang-Kettenschaltung samt Schalthebel auf dem Oberrohr. Doch das Manta-Ray floppt und verschwindet bereits nach der Saison 1972 wieder aus dem Programm des Fahrradherstellers.

An einem High-Riser kommen amerikanische Jungen Ende der 60er kaum vorbei. Die Bikes werden zum meistverkauften Fahrradtyp in den USA.

Modelle wie Stardust und Fair Lady zielen auf die Vorlieben von jungen Frauen. Mit moderatem Erfolg. Stingrays bleiben vor allem Boys-Bikes.

Schon seit 1959 hat das **Tornado** seinen Platz in der Schwinn-Modellpalette – ein Cruiserbike für Damen und Herren. Bis 1977. Auf Basis des Stingray-Rahmens entwickelten die Schwinn-Ingenieure ein Sportrad, das sehr deutliche BMX-Merkmale in sich trägt. Sehr kurze Schutzbleche, mehrfarbiger Kettenschutz, gesteppter Bananensattel, angedeuteter Tank – das Tornado sieht aus wie ein Crossmotorrad zum Treten.

Der Krate-Hype

Eine Sonderrolle innerhalb der High-Riser-Hierarchie nimmt das Schwinn **Krate** ein. Die Sonderform des Stingrays zeigt deutliche Anlehnungen an Motorrad-Chopper und Dragster. Entsprechend abgestimmt fällt auch die Werbung dafür aus. Erstmalig taucht es 1968 im Schwinn-Katalog auf. Vorn trägt es ein kleines 16-Zoll-Rad mit Trommelbremse, hinten den normalen 20-Zöller allerdings mit glatter Slick-Bereifung. Dazu eine lang ausgeführte Springergabel, die weit nach vorn ragt. Außergewöhnlich auch die gefederte Sissybar, die laut Prospekt ein Full-floating-Fahrerlebnis schafft. Unter Namen wie Orange Krate, Pea Picker und Lemon Peeler sollte es zu einem großen Erfolg werden. Ausgelöst wurde der Trend zu lässigen Cruiserbikes durch den Kultfilm und das Roadmovie *Easy Rider* von 1969 mit Dennis Hopper und Peter Fonda. Der lange Shifter auf dem Oberrohr dagegen erinnert eher an Musclecars. Die Krates waren bis 1973 im Schwinn-Programm. Der Anfangspreis liegt im Erscheinungsjahr bei 87 Dollar, am Ende kostet das Fünf-Gang-Krate 120 Dollar.

1972 ergänzt ein Manta-Ray das Schwinn-Modellprogramm. Die größeren 24-Zoll-Räder und die Kettenschaltung sollen vor allem ältere Jugendliche ansprechen. Der Verkaufshit bleibt aber das Krate.

Mit dem kleinen 16-Zoll-Vorderrad ist das serienmäßig gebaute **Krate** ein Extrem. Den amerikanischen Fahrradbastlern ist das noch nicht genug. Noch kleinere Vorderräder, statt normaler Pedale stylische Sohlen aus Metall und ein Autopneu im Hinterbau kommen in Mode. So beobachtet der deutsche Fahrradjournalist Christian Christophe 1971 bei einer Recherche in Amerika folgendes Phänomen: »In Vorstädten und Parks werden die Lenker noch steiler, die Bananensättel noch höher getragen, und das Vorderrad von 14 Zoll wird durch ein solches aus zehn Zoll ersetzt. Sonst ist man nicht in. Das steuert sich viel schwerer, denn der Nachlauf ist negativ und darum ist's gefährlich … Dass dieses auch der Witz und die Kunst des So-Fahrens ist, würde ihnen jeder Sprecher der Jugend antworten.«

Für den *Radmarkt* ist das alles zu viel. Die extremen Umbauten in den USA kommentiert er mit deutlichem Kopfschütteln: »Nun ja, für Menschen ohne lange Haare ist die Welt wohl nicht mehr zu verstehen«, moralisiert das Branchen-Fachorgan in seiner Ausgabe 6 von 1971. Denn die Mode mit der Mischbereifung schwappt auch nach Europa. In Italien versucht die legendäre Rennradmarke Gios mit ihrem Easy Rider Aufmerksamkeit zu erregen. Wie das Krate trägt es in der langen Federgabel ein kleines 16-Zoll-Rad und imitiert den Chopper-Look. Die Fahrradfabrik Schauff traut sich an einen ähnlichen Entwurf, kommt aber über einen Messeprototyp nie hinaus. Anders die Heidemann Werke Einbeck (HWE), die eine erfolgreiche Krate-Kopie ins Programm nehmen und auch unter dem Label Triumph verkaufen. Die Kaufhausmarke Mars bietet

Für die kleine Schwester eine Puppe, Sohnemann kriegt das Krate – so traditionell und konservativ machen die Fahrradhersteller Werbung. Ob der Bursche noch im Schlafanzug zur ersten Testrunde aufbricht, ist nicht überliefert.

Die Fahrradmarke Murray produziert ab 1965 High-Riser. Der Eliminator wird zu einem wichtigen Konkurrenten des Stingrays und hat eine Fünf-Gang-Kettenschaltung.

Mit einem 24-Zoll-Reifen hinten und dem normalen 20-Zöller vorn versuchen Murray und auch Schwinn das Modellportfolio zu erweitern. Doch diese Modelle haben nur eine kurze Lebenszeit.

1968 bringt Schwinn das Krate mit markanter Mischbereifung. Die lange Springergabel und der ebenfalls gefederte Bananensattel sorgen für ein Full-floating-Fahrerlebnis – und füllen die Schwinn-Kasse. Sie sind deutlich teurer als die normalen Stingrays.

ebenfalls einen 16/20-Zoll-High-Riser an. Durchsetzen können sich diese Chopper-Bikes in Deutschland nicht. Ob's am konservativen *Radmarkt* liegt? Denn der empfiehlt: »Der gewissenhafte Fachhandel sollte sich an verkehrsgerechte Normen halten und konstruktive Auswüchse nicht weiter unterstützen.«

Das Swingbike

Die Stingray-Historie wäre nicht komplett ohne das **Swingbike**. Diese kuriose Konstruktion ist quasi eine Sonderform des Schwinn-Bestsellers, hat aber nichts mit der Fahrradfabrik in Chicago zu tun. Genau genommen ist es ein Trickfahrrad, das direkt aus der Zirkuswelt stammen könnte. Wie ein Krate ist es mit Mischbereifung bestückt: vorn ein 16 Zöller oder gar nur ein Zehn-Zöller, hinten das reguläre 20-Zoll-Laufrad. Nicht nur das Vorderrad ist lenkbar, sondern auch das Hinterrad. Es lässt sich über einen Drehpunkt des Sitzrohres mit den Füßen über die Pedale nach links oder rechts steuern. Ein Unterrohr gibt es nicht, dafür zwei vertikal verlaufende Oberrohre, um dem Rahmen Stabilität zu geben. Im Prinzip gleicht die Hinterradschwinge der Vorderradgabel – das Ganze ist ein fragiles Gebilde, das etliche erstaunliche Tricks wie das Fahren mit parallel versetzten Rädern, Kreise auf engstem Raum, Wheelies oder Rückwärtsfahren ermöglicht. »Mit dem Swingbike lassen sich verrückte Manöver erfinden, die jeden Zuschauer verblüffen«, heißt es in der Verkaufsbroschüre.

Das erste Swingbike wird von Ralph Belden Ende der 60er-Jahre in Cascade Locks, Oregon, gebaut – und zwar überwiegend aus den Teilen eines Stingrays. Die Modellverwandtschaft ist also eng. Erst 1974 wird ein Patent erteilt, und die Produktion beginnt im Jahr darauf in Taiwan. Der Vertrieb erfolgt weltweit. Zunächst ist das Swingbike wie das Stingray eine typisch kalifornische Modeerscheinung. Der Firmensitz liegt im kalifornischen Santa Barbara. Doch bald zieht das Unternehmen in die Stadt Logan in Utah. Populär wird das Swingbike nicht durch klassische Werbung, sondern dadurch, dass es regelmäßig live in der TV-Show von Donny und Marie Osmond zu sehen ist. Der Verkaufspreis liegt bei Erscheinen knapp unter 100 Dollar, und es wird bis etwa 1978 produziert. Spätestens dann werden die Sicherheitsbedenken so laut, dass Eltern ihren Kindern nur ungern das verrückte Ding unter den Weihnachtsbaum stellen. 1983 endet der Markenschutz. Erstaunlich oft werden Swingbikes noch viele Jahre lang als New-Old-Stock-(NOS-) Ware im Originalkarton verkauft. Der Grund dafür ist einfach: Swingbikes gehen in der Regel als Kommissionsprodukt an die Händler und Warenhäuser. Als die Firma nicht mehr existiert, bleiben die Räder, die eigentlich dem Hersteller gehören, im Handel. 2004 versucht der ehemalige Swingbike-Verkaufsmanager Richard Willits ein Comeback des Fahrrads, beendet das Experiment aber bereits ein gutes Jahr später. Es dürfte der letzte Versuch in den USA gewesen sein, einen High-Riser dauerhaft nochmals im Markt zu etablieren.

Das Swingbike geht zurück auf einem Entwurf Mitte der 60er-Jahre. Erst 1974 geht es in Serie. Dank lenkbarem Hinterrad ist es für spektakuläre Tricks geeignet.

Long live the Stingray

Totgesagte leben länger. Obwohl nur in der Zeit von 1963 bis 1982 offiziell produziert und im Schwinn-Programm präsent, feiert das Stingray regelmäßig seine Wiederauferstehung. So gab es parallel zur sehr Netflixe-Serie *Stranger Things* 2018 ein Sondermodell, das dem des Serienhelden Mike Wheeler gleicht: hoher Lenker, Bananensattel, Springergabel. Das TV-Drama spielt in den 80er-Jahren; die jugendlichen Protagonisten sind auf High-Risern unterwegs. »Die Bikes sind in *Stranger Things* fast zu eigenen Charakteren geworden«, schwärmt Schwinn-Marketing-Chefin Milissa Rick. »Die Räder sind nicht im Handel oder Internet zu kaufen.« Wie in den 80ern funktioniert die Bestellung nur über eine eigens eingerichtete Telefonnummer: 1-800-SCHWINN. 500 von den Mike-Bikes waren im Nu ausverkauft. Stückpreis: 79,99 Dollar. Noch immer löst der High-Riser Begehrlichkeiten aus und spült der Firma viel Geld in die Kassen.

Kein Wunder also, dass Schwinn kurz darauf auch das legendäre Apple Krate wiederbelebt. Ebenfalls limitiert auf 500 Exemplare, wird es ausschließlich über Amazon zum Stückpreis von 500 Dollar angeboten. Auch hier ist das Sondermodell innerhalb kurzer Zeit ausverkauft. Der Unterschied zu den Versionen aus den 70ern ist nicht erkennbar. Allerdings: Puristen mäkeln an der Qualität und kritisieren, dass die meisten Teile nicht mehr in den USA produziert werden. Auch eine Schaltung mit dem coolen Shifter gibt es nicht.

Aktive Sammlerszene

Nicht nur in den USA hat sich eine lebendige Sammlerszene rund um Stingray-Fahrräder entwickelt. Auf Auktionen und Internetplattformen werden für gut erhaltene Originale 3.000 Dollar und mehr aufgerufen. Auch bei den Teilen sieht es nicht anders aus: 600 Dollar für ein Hinterrad, knapp 400 für den Ketten- schutz und 200 für Schutzbleche. Kein Zweifel: In der Vintageszene Amerikas sind High-Riser ein Spekulationsobjekt. Und wenn sich viele Leute um Erhalt und Restaurierung der kultigen Fahrräder kümmern, ist ihnen ein langes Leben gewiss. Long live the Stingray.

2018 verkauft Amazon exklusiv ein rotes Apple Krate. Das auf 500 Stück limitierte Sondermodell kostet 500 Dollar und ist ruckzuck vergriffen.

Lenkerenden, die sich wie bei einem Steinbock krümmen, sind ein weiterer Versuch, das Stingray im Gespräch zu halten. Die Variantenvielfalt scheint scheint keine Grenzen zu kennen.

RALEIGH
CHOPPER
RALEIGH

VERY BRITISH:

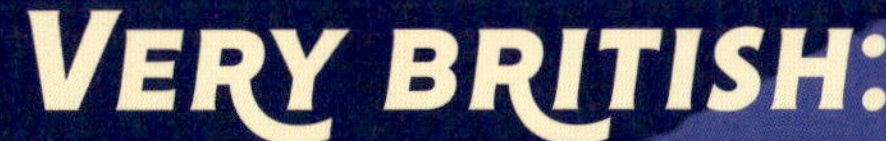

DER RALEIGH CHOPPER

Ein kleiner Engländer erobert erst die Insel, dann den Rest der Welt

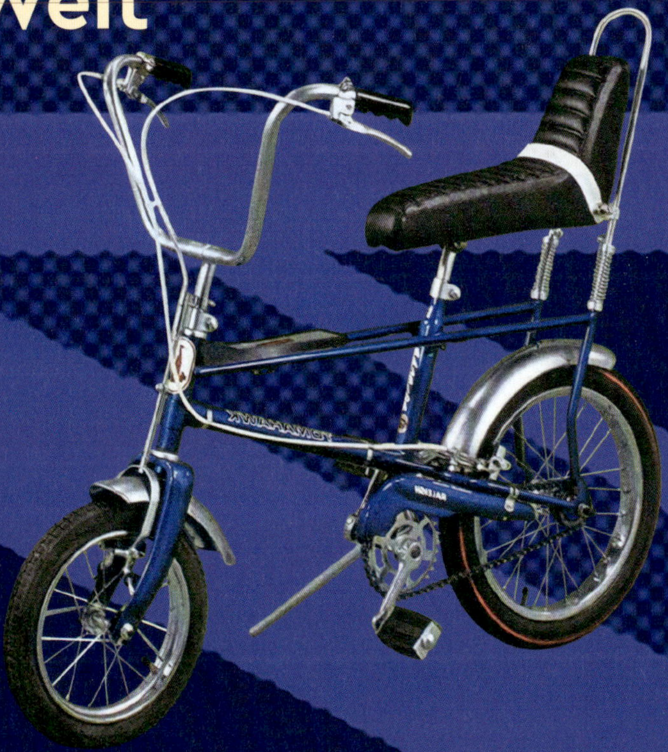

Mit den Fireball-Modellen wollte Raleigh in den USA Fuß fassen.

Der Doppelschalthebel von Sturmey Archer war feinste Technik, mit der fünf Gänge geschaltet werden konnten.

Fünf Jahre tobt der amerikanische High-Riser-Hype bereits, bevor das Rad als Importgut über den Atlantik kommt. Wo geht er in Europa zuerst an Land? Die Spurensuche führt nach England.

Großbritannien ist den Vereinigten Staaten durch die gemeinsame Sprache näher als dem europäischen Kontinent, auch wenn die geografischen Tatsachen einen anderen Schluss nahelegen. Daher schwappt die neue Fahrradmode mit den vom Motorrad inspirierten Fahrrädern wohl auch als Erstes auf die Britischen Inseln. Die große und weltweit agierende Fahrradmarke Raleigh erkennt den Trend früh und bringt mit dem Chopper einen der ersten Europa-High-Riser auf den Markt.

Raleigh Rodeo und Fireball floppen

Zuvor versucht Raleigh, mit einem Rodeo genannten 20-Zoll-Bike vom Erfolg des Schwinn Stingray zu profitieren – vergeblich. Das Rodeo hat wie die Schwinn-Modelle einen sogenannten Cantilever-Rahmen mit geschwungenen, übereinander verlaufenden Oberrohren. Es wird 1966 als Stingray-Konkurrent nur in den USA auf den Markt gebracht. Große Hoffnungen, wenig Erfolg: Das Rodeo floppt. Daran ändert auch der maskuline Name mit Wildwestcharme nichts. Anders als sein Vorbild Stingray, das über einen gekrümmten Bananensattel von Persons Majestic verfügt, trägt das Rodeo eine eher gerade geformte Sitzbank.

Dem Rodeo folgt 1968 das Raleigh Fireball. Der Feuerball ist ebenfalls nur in den USA erhältlich. Noch robuster in der Optik, kann es dennoch nicht überzeugen. Trotzdem haben die Rodeo- und Fire-

Kitsch oder Kult? Die Lady posierte in Overknee-Boots und Chopper auf der Westminster Bridge in London.

ball-Modelle durchaus einen wichtigen und prägenden Einfluss auf die High-Riser-Historie. Denn Raleigh pflanzt diesen Modellen schon früh eine auffällige Schaltkonsole an das Einrohroberrohr, die zu einem weiteren Kennzeichen der beliebten Jugendfahrräder wird. Zunächst ist das Rodeo mit einer Drei-Gang-Schaltkonsole von Sturmey Archer (SA), das Fireball danach sogar wahlweise mit einer Fünf-Gang-SA-Nabe erhältlich. Extrem cool, denn diese Twinshift genannte Variante wird mit gleich zwei Oberrohrhebeln geschaltet: Rechts sitzt ein dreistufiger Wahlhebel, der die rechte Nabenseite ansteuert, links zusätzlich ein zweistufiger Shifter, der zur linken Nabenseite führt. Beide Hebel sind mit einem runden Schaltknauf versehen. Mehr Getriebenaben-Hightech ist Ende der 60er-Jahre kaum möglich. Der deutsche Nabenspezialist Fichtel & Sachs dürfte schon neidisch auf die SA-Konkurrenzprodukte aus England geschaut haben.

Trotz der Rückschläge mit dem Rodeo und dem Fireball entwickelt Raleigh einen weiteren High-Riser, der endlich zum großen Wurf werden sollte. Der eigentlich für den europäischen Markt bestimmte Chopper wird in den USA vorgestellt: Stilistisch kopiert er eher das Schwinn Krate als das Stingray, denn der Chopper setzt auf eine 16/20-Zoll-Reifenkombination für vorn und hinten. Die erste Version, der Raleigh Chopper Mark 1, betritt im Januar 1969 die Bühne und wird erstmalig auf amerikanischen Händlerausstellungen präsentiert. Ein paar Monate später, pünktlich zur Frühjahrssaison, kommt er in

16 Zoll vorn und hinten ein 20-Zoll-Laufrad: Das ikonografische Design des Choppers wurde ein Riesenerfolg weit über England hinaus.

den Handel. Zeitgleich präsentiert Raleigh sein neues Modell auch auf dem Heimatmarkt in England. Besonders die Schaltkonsole von Sturmey Archer wird von der Presse als herausragendes Detail gefeiert. Preis des Raleigh Chopper Mk1: 34 Pfund. Das Topmodell kostet 55 Pfund.

Der Chopper wird zum Volltreffer

Ein Volltreffer! Später wird der Chopper sogar in alle Welt vermarktet und zündet dieses Mal auch in den USA. Sofort schiebt Raleigh einen Tomahawk als geschrumpfte Chopper-Version für kleinere Kinder mit 16/11-Zoll-Bereifung hinterher. Das wiederum lässt die britische Konkurrenz nicht mehr ruhig schlafen. Schnell erscheinen britische Nachahmer wie Royal Enfield Harrier, Budgie, Chippy Pavemaster, Trusty Tracker, Triang Dragster, das Dawes Zipper oder der Vintec High-Riser. Zu den prominentesten Besitzern eines englischen High-Risers gehört übrigens Lady Di. Sie fährt in ihrer Kindheit einen Trusty Tracker, der heute im englischen House-on-the-Hill-Spielzeugmuseum in Stansted, Essex, zu bewundern ist. Zuvor wurde er auf einer Auktion für 1.200 Pfund versteigert.

Doch der wahre Star heißt nicht Trusty Tracker, sondern Raleigh Chopper. Bis zum Produktionsende 1979 fertigt Raleigh rund 1,5 Millionen Exemplare – ein Riesenerfolg. Lieferbar ist es in besonders auffälligen Farben wie Infra Red, Brilliant Orange, Flamboyant Green und Fizzy Lemon. 1972 folgt das Mk2. Die Hauptänderungen betreffen den Lenker und den Sitz. Am überarbeiteten Modell ist der Hochlenker nunmehr fest fixiert, damit er sich nicht mehr verstellen lässt. Außerdem wird der Sitz durch Krümmung der Sissybar weiter vorn platziert. So sollen unfreiwillige Wheelies und Stürze vermieden werden. Auch der Chopper bleibt also von der allgegenwärtigen Sicherheitsdiskussion um die High-Riser nicht verschont. Darum trägt das Mk2 auch eine eindeutige Warnung auf dem Rahmenaufkleber: This bicycle is not constructed to carry passengers. Die Warnung, keine Mitfahrer zu transportieren, ist gut gemeint, verhallt aber bei den meisten Jugendlichen ungehört. Zu verlockend ist die Möglichkeit, seinen Freund oder die Freundin hinten auf der Sitzbank wie auf einem Motorrad mitzunehmen. Das Fahren mit Sozius, oder noch lieber Sozia, ist vor allem auch deshalb bedenklich, weil der Hinterbau des Chopper Mk1 konstruktiv zu schwach ausgelegt ist. So brechen etliche Rahmen unter der Last der Fahrer zusammen. Die Hinterbaustreben sind zu schwach. Raleigh-Händler haben alle Hände voll zu tun, entsprechende Garantiefälle abzuwickeln. Dem oft ohnehin fragwürdigen Qualitätsimage von Raleigh fügt der Chopper einen weiteren Kratzer hinzu. Das Mk2 gibt es bis zum Produktionsende 1980.

2004 versucht es Raleigh mit einem Chopper-Comeback: Das Mk3 ist leichter und hat einen Aluminiumrahmen, wird aber nicht in England produziert, sondern kommt aus Fernost. Immerhin gleicht es dem Design des englischen Originals. Dank der Leichtmetallbauweise sinkt das Gewicht von 18,5 auf 14,5 Kilo gegenüber dem Mk1. Sattel und Rückenlehne sind separat ausgeführt. Das Mitnehmen von Passagieren wird damit unmöglich.

Tom Karen war Autodesigner und sagt, der Chopper-Entwurf stamme von ihm.

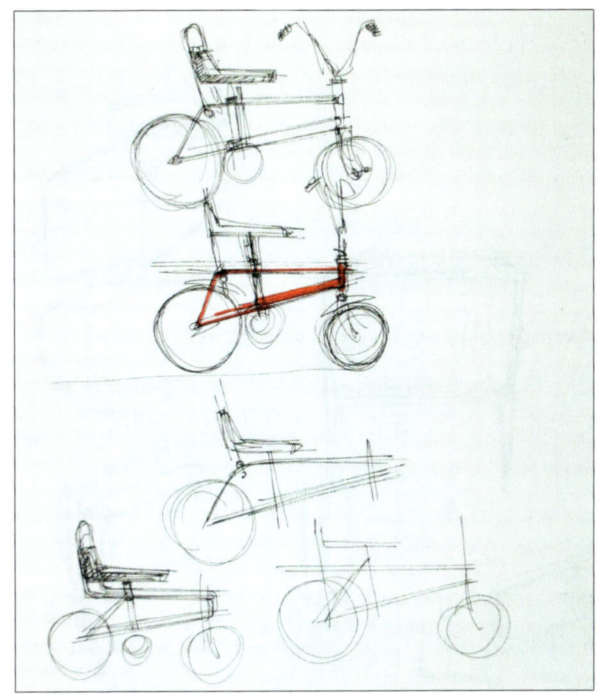

Die ersten Zeichnungen von Tom Karen zeigen den Chopper-Prototyp.

Streit ums Copyright

Wer ist der geistige Vater des legendären Choppers? Darüber gibt es Uneinigkeit. So behauptet der damalige Raleigh-Design-Chef Alan Oakley, dass der erste Entwurf aus seiner Feder stammt. Oakley, so berichtet die Zeitung *The Telegraph*, sei 1967 auf dem Rückflug von der amerikanischen Westküste gewesen, als er den Chopper auf der Rückseite eines Briefumschlags skizzierte. Der Designer verstarb 2012. Zwei Jahre später meldet sich Tom Karen zu Wort. Karen ist Designer und bekannt für seine Autoentwürfe wie Scimitar GTE und Bond Bug. Als Direktor von Ogle Design arbeitet er auch für Raleigh. Eine seiner Arbeiten ist 1968 ein Vorschlag für einen High-Riser made by Raleigh. Zum Beweis, dass er der Vater des Choppers sei, legt Karen zwei seiner Entwurfseiten vor. Diese seien ihm beim Aufräumen seiner Garage in die Hände gefallen. Nach dem Ausscheiden bei Ogle 2001 hatte Karen seine Sketchbücher dort gelagert. Und in diesen seien auch die Chopper-Urentwürfe zu sehen.

Ob Oakley oder Karen, der Raleigh Chopper wurde nach den Schwinn-Modellen zum wichtigsten High-Riser weltweit: Noch heute existiert eine lebhafte Szene um das britische Kult-Bike. Es taucht in Stuntvideos im wilden BMX-Stil bei YouTube auf. 2004 bringt Raleigh eine Retroedition des Choppers als The Hot One heraus, 2017 folgt der Mod Chopper. Beide Modelle sind bei Sammlern sehr begehrt.

TEAM CHOP
H
HERITAGE
CHOPPER

Die Tour de France auf dem Raleigh Chopper

Wilde · Reiter

Stehvermögen: mit dem Jugendrad beim größten Radrennen der Welt

Zu den großen Mythen der High-Riser gehört ihre Sportlichkeit. Geländebike, Sportrad, Crossvelo – in der Werbung und in den Verkaufsprospekten werden stets die Robustheit, das Abenteuerflair und die sportiven Attribute des High-Risers betont. Und beim Marktstart der deutschen High-Riser 1970 war es kein Geringerer als Radrennstar Rudi Altig, der Neckermanns Bonanzarad im dicken Versandhauskatalog mit seiner persönlichen Empfehlung versah. Ein Radprofi, der ein neues Jugendfahrrad lobte: Das konnte doch eigentlich nur eine sportive Maschine sein. In Wahrheit war der High-Riser vom Rennrad etwa so weit entfernt wie ein Autoscooter von einem Formel-1-Boliden.

Der beste Platz ist vor der Eisdiele

Dennoch: Die Fahrradindustrie vermarktete den Newcomer als Sportrad, als stark, schnell, schön. Die sportliche Inspiration hatte ihre Quelle in der Motocross-Szene. Die kurzen Schutzbleche, der hintere Stollenreifen, auffällige Federelemente – das ganze optische Erscheinungsbild suggerierte sehr gute Geländegängigkeit. So gesehen, könnte das Bonanzarad ein Vorläufer des Mountainbikes sein. Das war es aber nicht. Um auch nur ansatzweise als Sportrad durchgehen zu können, ist es viel zu schwer, zu klein, zu unharmonisch konstruiert. Wer versucht, mit einem High-Riser über einen Singletrail zu fahren, scheitert schon an einfachen

Mann aus Stahl: Dave Sims ist von Beruf Fitness-Trainer. Mit spektakulären Missionen auf dem Chopper sammelt er Geld für den guten Zweck

Dave Sims kurz vor dem Gipfel eines steilen Alpen-Passes. Zwei Tage vor den Profis strampelte er über die Berg-Legenden des wichtigsten Radrennens der Welt

Passagen. Am besten macht es sich 1970 wie heute vor der Eisdiele. Wenn man nun dieses Rad für Halbstarke trotz besseren Wissens bei einer Radsportveranstaltung einsetzt, ist kollektives Kopfschütteln unvermeidlich. Und wenn der Wettbewerb dann das berühmteste Radrennen der Welt ist, wird aus der Groteske Stoff fürs *Guinness-Buch der Rekorde*. Tour de France mit einem Bonanzarad? Gibt's nicht? Gibt's doch!

Die spinnen, die Engländer

So einer absurden Idee kann nur ein Engländer verfallen. Name: Sims, Dave Sims. Der 41-Jährige lebte lange in Southport, einem kleinen Ort an der britischen Südküste. Hier hatte er sein eigenes Fitnessstudio und trainierte als Personal Trainer oft Rennradfahrer. Erst kürzlich ist er nach Liverpool umgezogen und betreibt von dort eine Ernährungsberatung für Sportler. Seine eigenen sportlichen Aktivitäten verbindet Sims gern mit sozialem Engagement. So nutzt er Wettbewerbe, um Spenden für einen guten Zweck zu sammeln; etwa indem sich Spender verpflichten, für jeden gefahrenen Kilometer eine bestimmte Summe zu zahlen. Das machen viele. Aber eigentlich immer auf gängigen Renn- oder Sporträdern. Doch Sims denkt sich 2014: »Hey, ich nehme den Raleigh Chopper – eine Ikone in England und nicht nur dort ein sehr sympathisches Fahrrad.« Der Raleigh Chopper ist in England das, was in Deutschland als Bonanzarad Furore machte: ein Kinder- und Jugendrad mit hohem Kultfaktor. Sims' Kalkül geht auf. Als er sich im Juli mit einem gelben Raleigh Chopper bei einem Radrennen anmeldet, denken die Leute, er sei irre. »Doch das Rad ist fantastisch, wenn es darum geht, für Geldspenden zu werben«, erinnert sich Sims.

Fitnessfreak mit Fahrradfimmel

Und das so ein Chopper nicht zwingend langsam sein muss, beweist Sims 2014 mit einer verrückten Rekordfahrt. Auf einer feuchten Landstraße, der Mann lebt schließlich im regnerischen England, beschleunigt Sims sein Rad auf 39,4 Meilen die Stunde, also 63,4 km/h. Sims: »Das ist der inoffizielle Landspeed-Rekord für den Raleigh Chopper.« Crazy! Very crazy!

Danach steht für ihn fest: »Ich fahre die Tour de France. Und ich fahre die Tour de France nicht auf irgendeinem Fahrrad. Nein, ich fahre die Tour de France mit dem Raleigh Chopper.« 21 Etappen über 3.360 Kilometer auf einem Kinderrad? Klar, dass Dave Sims mit dieser Ankündigung nicht nur in seiner Heimat Schlagzeilen macht. Viele Medien stürzen sich auf den Verrückten von der Insel. Häufige Frage der Presseleute: »Was ist wichtiger? Der Fahrer oder das Fahrrad?« Das ist eine Steilvorlage für Sims. »Ich habe einen großen Glauben in die Maschine. Ich kann die Tour de France nicht auf einem Kinderrad gewinnen, aber ich möchte den Menschen zeigen, dass man mit einem billigen Rad erstaunliche Dinge schaffen kann, wenn man die Sache richtig angeht«, sagt Sims. Und mit diesen Worten gibt es dann kein Zurück mehr für den Fitnessfreak mit dem Fahrradfimmel.

Am Donnerstag, dem 2. Juli 2015, startet er zu seinem unglaublichen Unterfangen. Jeweils zwei Tage vor den Profis will Sims jede Etappe der Tour de France auf dem Raleigh Chopper absolvieren. Der Auftakt im niederländischen Utrecht läuft perfekt: Gerade einmal 14 Kilometer hat der flache Zeitfahrkurs durch die Stadt. Eine Strecke also, die mit einem Bonanzarad noch gut zu bewältigen ist. Wie die Profis fährt auch Sims je nach Etappe mit unterschiedlichen Rädern. Für die schnellen Flachetappen und Zeitfahrstrecken sitzt er auf einem gelben Chopper. »Der ist für schnelle Flachstücke optimiert«, erklärt Sims. In den Bergen und auf den hügeligen Passagen verwendet Sims einen roten Chopper. »Den habe ich mit meinem Team zum Klettern optimiert«, sagt Sims in der nüchternen Sprache eines Radtechnikers.

Chopper überholt Rennrad

Ob gelber Chopper oder roter: Auf beiden können längere Distanzen schnell zur Qual werden. Wie etwa am Tag vier des Chopper-Abenteuers.

Satte 221 Kilometer vom belgischen Seraing ins französische Cambrai. Während am späten Nachmittag des gleichen Tages der deutsche Sprintstar André Greipel auf dem Oosterschelde-Sperrwerk als Sieger mit Tempo 60 ins Ziel hechtet, strampelt sich Sims rund 100 Kilometer südlich in der belgischen Walonie ab – eine malerische Gegend, die Greipel erst zwei Tage später sehen wird.

So geht es Schlag auf Schlag: Es folgen Tagesetappen mit 189, 191, 190 und 179 Kilometern. Erst die 9. Etappe, das 28 Kilometer lange Mannschaftszeitfahren von Vannes nach Plumelec, bringt Abwechslung in Sims' ambitionierten Rennkalender. Hier kommt erneut die gelbe Chopper-Zeitfahrmaschine zum Einsatz. Danach geht es von der Bretagne in den heißen Süden Frankreichs. Erneut sind es Tagesetappen von 170 bis 200 Kilometer, die Einzelkämpfer Sims stoisch abstrampelt und immer wieder für Verwunderung sorgt. Vor allem dann, wenn der durchtrainierte Engländer mit dem roten Kinderrad Hobby-Rennradfahrer überholt.

Das passiert auf der 11. Etappe am Anstieg zum legendären Tourmalet häufig. Die Überholten an diesem brutalen Berg glauben dann meist an einen Scherz. Weit gefehlt! Dass der Mann tatsächlich die gesamte Tour abstrampeln will, wissen die Wenigsten. Dann ereilt Sims auf der 14. Etappe plötzlich das Verletzungspech. »Ich war mit meinem kleinen Team Pizza essen. Danach rauf auf den Sattel und – autsch –, plötzlich schmerzt meine Achillessehne«, erinnert sich Sims an den Moment. Am nächsten Tag werden die Schmerzen schlimmer. Sims: »Ich konnte nur noch 7 km/h fahren.« Was tun? Aufhören? Zum Arzt gehen? Pausieren?

Hilfe vom Team Sky

Dave scrollt durch die Kontaktliste seines Handys und findet dort die Nummer von einem anderen Dave. Sir Dave Brailsford, mächtiger Renndirektor beim damaligen Profiteam Sky (heute Ineos) und Chef des späteren Tour-Siegers Chris Froome. Brailsford und Froome hatten vor dem Tour-Start von Sims' Plänen erfahren und ihm viel Glück für die »Tour de Chopper« gewünscht. Dave Brailsford überlegt nicht lange und fordert Sims am Telefon auf, zum Sky-Lager rund 500 Kilometer südlich zu kommen. Gesagt, gefahren. Im Sky-Teambus versorgt ein Physiotherapeut die Fußverletzung, sodass Sims weiterfahren kann. »Der hat mir sogar ein Kinesiotape und eine Schere mitgegeben, damit ich den Verband erneuern kann« sagt Sims. Doch das Beste an der Episode, so Sims weiter, ist die Begeisterung der Rennradprofis für seinen Chopper. »Einige haben es sich nicht nehmen lassen, eine Runde damit über den großen Parkplatz zu fahren. Auch Brailsford nicht.«

Einen Tag später sitzt Sims wieder auf dem Chopper. Besonders die 20. Etappe nach Alpe d'Huez bleibt ihm in Erinnerung: »Ich fühlte mich stark, es war der letzte Berg, und alle meine Freunde waren da, und die Straße war für das Rennen bereits geschlossen«, so Sims. Im Ziel klingelt plötzlich das Handy. Eine SMS von Chris Froome. »Er wünschte mir weiter viel Glück. Das war ein wahnsinniger Motivationskick für mich und der größte Moment während der gesamten Tour«, sagt Sims. Drei Etappen konnte er wegen der Verletzung nicht fahren. Am Ende sitzt er 18 Tage im Sattel mit einer

Düpiert: Bei den Bergetappen überholte Sims viele Rennradfahrer. Diese dachten wohl an einen schlechten Witz.

Gesamtfahrtzeit von 117 Stunden und einer Strecke von knapp 2.600 Kilometern. Und sammelt mehr als 6.500 Pfund für den guten Zweck ein.

Crazy Sims macht weiter

So etwas machen auch ganz verrückte Hunde in der Regel nur einmal. Es sei denn, sie heißen Sims, Dave Sims. Zwei Jahre nach seinem spektakulären Tour-de-France-Abenteuer denkt sich Sims das nächste große Ding aus: »Everesting« mit dem Raleigh Chopper. Unter dem Kunstwort Everesting verstehen Radsportler eine spezielle Challenge. Und die geht so: Man suche sich einen Berg und fahre ihn so oft rauf und runter, bis die Höhenmeter des höchsten Berges der Welt absolviert sind. Das ist der Mount Everest im Himalaya. Bis zum Gipfel sind es 8.848 Meter.

Und das mit dem Raleigh Chopper! In England! Die Suche nach einem geeigneten Anstieg führt Sims nach Lancashire nicht weit von Liverpool. Hier liegt der Hunters Hill mit seiner gut befahrbaren Stichstraße. Diese ist rund einen Kilometer lang, startet auf einer Meereshöhe von 53 Metern und endet auf 129 Meter Höhe. Mit einer durchschnittlichen Steigung von 7,3 Prozent und 11,7 Prozent an den steilsten Stellen ist der Hügel charakterlich einem Alpenpass nicht unähnlich. Sims legt los, fährt den Berg immer wieder rauf und runter. Jede Bergauffahrt verschafft ihm knapp 100 Höhenmeter. Sein Unterfangen zieht sich scheinbar zäh wie Kaugummi. Am Ende sind es 92 Fahrten den Berg hinauf, um die 8.848 Höhenmeter vollzukriegen. Noch beeindruckender als der absolvierte Anstieg ist die Fahrstrecke, die Sims zum Schluss insgesamt zurückgelegt hat: 292 Kilometer. Auf einem Raleigh Chopper. Crazy! Very crazy!

Tour-de-France-Rad geklaut

Der rote Chopper wurde durch die Tour de France so berühmt, dass offenbar leider auch Diebe auf das legendäre Rad aufmerksam wurden. »Mein Chopper wurde mir kürzlich aus der Garage gestohlen«, berichtet Sims traurig. »Jetzt habe ich nur noch den gelben.« Also die etwas weniger leichte »Zeitfahrmaschine«, die er im Ziel auch stolz in den Pariser Himmel reckt. Und mit der hat er noch einiges vor. Die Tour de France zum Beispiel. Wie bitte? Doch, richtig, Dave Sims will das Ding noch ein zweites Mal fahren. Schließlich fehlten ihm durch die Verletzung drei Etappen. Einer wie Sims kann so etwas nicht auf sich beruhen lassen. Und dann sind da ja auch noch der Giro d'Italia und die Vuelta in Spanien. Wie jeder Radsportfan träumt er davon, alle drei Grand Tours zu schaffen. Auch der Mount Ventoux steht ihm noch im Weg. »Den würde ich gern dreimal hintereinander hoch.« Auf dem Chopper! Was sonst. Crazy! Very crazy!

Einziges Handicap: Sims ist inzwischen Vater geworden. »Da werden meine Chopper-Projekte nicht leichter«, gibt er zu. Wenn der Nachwuchs auch nur ansatzweise nach dem Papa kommt, braucht sich aber niemand um neue Rekordideen made in England Sorgen zu machen. Die Sims(-sons) werden das schon rocken.

Geschafft: Dort, wo der Tour-de-France-Sieger geehrt wird, feiert auch Dave Sims. Wochenlang hat er sich über die strapaziöse Strecke gequält.

Let's go Europe:

Der High-Riser erobert Deutschland

England, Belgien, Italien, Schweden, Österreich und natürlich Deutschland: Der High-Riser-Hype breitet sich rasch über den alten Kontinent aus

Ende der 60er-Jahre werden die ersten High-Riser in Deutschland verkauft. Es sind schlichte Kopien des Schwinn Stingray. Vom Bonanzarad ist zu diesem Zeitpunkt noch nicht die Rede.

Wann gibt es die ersten High-Riser in Europa? Eine schwierige Frage. Oft wird das Jahr 1968 genannt oder 1970. Das ist nur zum Teil richtig. Fahrräder nach dem Vorbild des Schwinn Stingray erblicken bereits Mitte der 60er-Jahre in Deutschland das Licht der Welt. So zeigt die Firma Kynast, die erst sechs Jahre später entscheidenden Einfluss auf die High-Riser-Entwicklung nehmen sollte, schon 1964 auf der Internationalen Fahrrad- und Motorrad-Austellung (IFMA) in Köln ein 20-Zoll-Modell mit Hochlenker und Bananensattel. Wirklich Notiz allerdings nimmt von dem Kynast-High-Riser niemand. Nur das *Bersenbrücker Kreisblatt*, also die Zeitung, die am Kynast-Firmensitz Quakenbrück gelesen wird, jubelt: »Attraktion für das Publikum war zweifelsohne das neuartige Jugend-Geländerad. Der hintere Reifen des Geländerades ist wesentlich breiter als der des Vorderrades (natürlich um eine reibungslose Fahrt über Stock und Stein und über jede Unebenheit zu ermöglichen), die gesamte Form ist mehr als ungewöhnlich.«

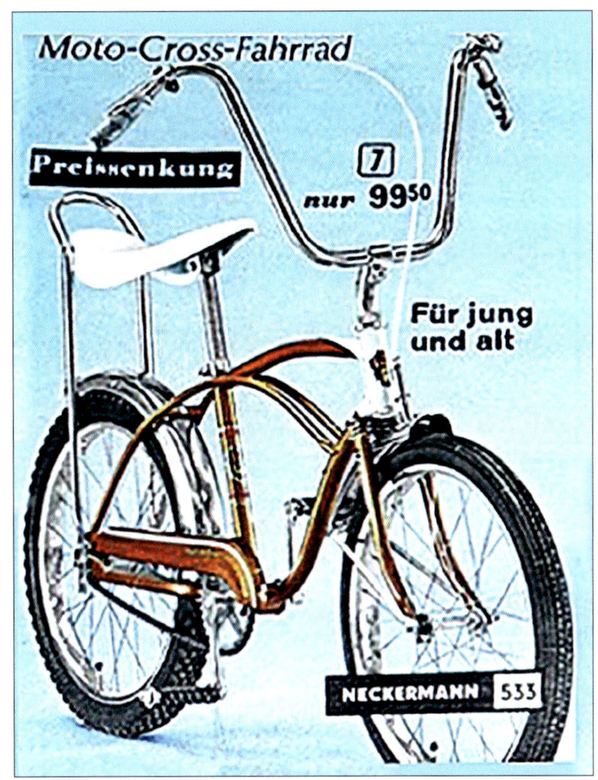

Der erste High-Riser von Neckermann taucht im Katalog von 1968/69 auf und nennt sich Moto-Cross-Fahrrad.

Ein neuer Star am Fahrradhimmel

Gut beobachtet: In der Tat unterscheidet sich der High-Riser erheblich von den anderen 25 Fahrradtypen, die am Kynast-Stand zu sehen sind. Zwischen all den Halbsport-, Sport-, Luxussport-, Kinder-, Jugend- und Tourenrädern sticht der Neuling heraus. Bestellt werden High-Riser auf der IFMA, die erstmalig in Köln statt in Frankfurt ausgerichtet wird, aber nicht von deutschen Händlern, sondern nur von Amerikanern. Überhaupt sind die Aussteller ausgesprochen international aufgestellt. Kein Wunder, Deutschland ist eine große Exportnation. Verkauft wird überwiegend ins Ausland. »Am Stand Kynast wurde fast ausschließlich englisch gesprochen: Die meisten Geschäftsleute kamen aus den USA«, heißt es weiter im *Bersenbrücker Kreisblatt*. Deutschlandweite Beachtung bleibt dem kleinen Kynast-High-Riser also noch versagt. Auch bei der nächsten IFMA 1966 ist der amerikanische Fahrradtypus nur ein Randthema. Erst zwei Jahre später, 1968, versucht der Versender Neckermann den US-Megatrend für Deutschland zu adaptieren und bietet im Herbstkatalog erstmalig ein Musclebike nach US-Prägung an.

USA-Kopien haben keinen Erfolg

Vom Bonanzarad ist zu diesem Zeitpunkt noch keine Rede. Das Bike wird als Spielfahrrad auf Seite 533 für 99,50 D-Mark angepriesen und gleicht dem Entwurf, den Kynast schon 1964 auf der IFMA präsentierte. Es ähnelt stark dem Schwinn Stingray, hat zwei geschwungene Oberrohre, Bananensattel mit Sissybar, 20-Zoll-Bereifung, Chromschutzbleche, Freilaufnabe und eine simple Stempelbremse vorn. Im Text trägt das Angebot den Zusatz Moto-Cross-Fahrrad und soll für »jung und alt« geeignet sein.

Mit diesem Angebot hat das Versandhaus keinen großen Erfolg. Das »merkwürdige« Jugendrad aus den Vereinigten Staaten wird noch immer als Exot betrachtet. Das ändert sich im Laufe des Jahres 1968, als auf Messen, Ausstellungen und Veranstaltungen zunehmend High-Riser-Prototypen mit einer neuen Formensprache auftauchen. Diese sind entweder vorn und hinten mit 20-Zoll-Reifen bestückt oder rollen vorn auf einem kleineren 16-Zoll-Pneu nach dem Vorbild des Stingray Krate. Zu den High-Riser-Pionieren auf dem deutschen Markt zählen neben Kynast auch die Firmen Kettler aus dem westfälischen Ense-Parsit und Hercules aus Nürnberg, die auf der IFMA 1968 unterschiedliche Baumuster von High-Risern ins Rampenlicht schieben und von Fachpublikationen wie dem *Radmarkt* gewürdigt werden. Treffender Name des Kettler-High-Risers: Pirat! Als Markenprodukt zielt der zweirädrige Freibeuter aber nicht Richtung Versandhandel, sondern will Fachhändlern gefallen. Die halten das Ganze eher für einen Marketinggag als für einen ernst zu nehmenden Gewinnbringer, äußern aber Respekt für die Kreativität der Entwickler. Positive Reaktionen gibt es auch am Stand von Puch. Die österreichische Marke präsentiert gleich ein ganzes High-Riser-Trio. Die Typen Mustang, Highriser und Camping sollen die Reaktionen des Publikums prüfen. Und das funktioniert gut. So gut, dass »etliche Händler das verrückteste der drei Räder als Zugnummer fürs Schaufenster mitnehmen wollen. Allerdings ohne überzeugt zu sein, dass die Dinger sich auch wirklich verkauften«, heißt es in einem zeitgenössischen Pressebericht.

Pioniere: Puch und Junior

Österreich mit seinen Marken Puch und Junior gehört damit eindeutig zu den Initiatoren des High-Riser-Booms im deutschsprachigen Raum. Bereits Mitte der 60er-Jahre baut Puch unter dem Namen Steyr-Highriser Thunderbird ein Modell für den US-Export. Es wird unter anderem über den Ver-

Ein früher High-Riser der Juniorwerke aus Österreich. Die Firma hatte viel Erfahrung mit US-Exporten.

sender Sears angeboten. Bis daraus eine Version für den Heimatmarkt abgeleitet wird, gehen rund fünf Jahre ins Land. Ende Februar 1969 schließlich rutscht der Puch-High-Riser offiziell in die Modellpalette der Marke. Und trifft damit auf einheimische Konkurrenz. Bereits einen Monat zuvor taucht ein High-Riser der Junior-Werke aus Graz auf einer lokalen Modenschau auf. Auch Junior hat schon Erfahrungen mit der High-Riser-Bauform in Amerika gesammelt. Verbunden durch einen Kooperationsvertrag mit dem New Yorker Hersteller Stelber und dessen Marke Iverson, fertigt Junior den Dragstripper in Österreich.

Dieses aufsehenerregende Modell stammt aus der Zeichenfeder von George Barris, einem großen Star der Auto-Customizing-Szene. Barris ist berühmt für seine Arbeit in der US-Filmindustrie und unter andere verantwortlich für das legendäre Batmobile. Der Dragstripper trägt statt der bis dahin üblichen geschwungenen Rahmenrohre ein langes und sehr gerades Oberrohr und hat insgesamt eine deutlich kantigere Formensprache. Über die Verbindung zu Junior ist damit der Weg nach Europa gebahnt. Kurz nach Erscheinen des Dragstrippers setzen sich auch deutsche Designer an die Zeichentische und wandeln den Barris-Entwurf ab oder erfinden völlig neue Rahmenformen. Ihre High-Riser tragen erstmalig eine gerade Teleskopgabel mit zwei verchromten Zierfedern, aus der zwei einzelne Lenkstangen hoch nach oben wachsen. Der Trend mit den rustikalen Telegabeln ist Ende der 60er auch bei Klapprädern aus deutscher und niederländischer Fertigung zu sehen.

Das Rand Superia im Quelle-Katalog 1970. Es wurde unter der Marke Drei-Stern aus Bielefeld verkauft.

Wegweisend: Rand Superia

Und auch im Fahrradland Belgien ist man nicht untätig, wenn es um Designneuerungen geht. Zu den Stars der IFMA 1968 zählt das markante Rand Superia aus Belgien: Telegabel, zwei Lenkstangen und eine lange Rückenlehne machen es zu einem Hingucker. Besonderer Clou ist eine große Auspuffattrappe, die an der rechten Kettenstrebe platziert ist. Sie imitiert nicht nur eine Motorradoptik, sondern dient auch als Schutz für die Fünf-Gang-Kettenschaltung, wie die Aufschrift *protected* belegt. Der Gangwechsel erfolgt durch einen im Doppeloberrohr eingelassenen Hebel. Mit dieser Auslegung nimmt das Rand Superia viele Elemente vorweg, wie sie bald darauf die High-Riser aus bundesrepublikanischer Fertigung prägen. So gesehen, darf das belgische Modell als einer der Väter des deutschen Bonanzarads gelten. Besonders deshalb, weil es später auch den Weg auf die Seiten eines deutschen Versandhauskataloges findet.

In den Quelle-Wälzer nämlich. Die Ausgabe vom Herbst 1970 zeigt ein Rad, das dem Rand Superia bis ins Detail gleicht. Doch die Rahmenaufkleber stammen von der Bielefelder Marke Drei-Stern. In der Textspalte heißt es: »Luxus-Super-Sportrad für Jugendliche, mit 5-Gangschaltung, massiver Sportschaltknüppel, optische Ganganzeige, gepolsterter Langsattel mit Chrombügel, verstellbar, Halbballon 20, stabiler Doppelrohrrahmen, verstellbarer Lenker, Typ MOTO, Vorder- und Hinterrad-Bremstrommeln, Farbe rot lasiert, Preis 225 D-Mark.« Auch im Jahr darauf taucht das Rad nochmals mit Aufklebern von Drei-Stern im Otto-Katalog auf, dann sogar in einer zweiten, günstigeren Version mit drei statt fünf Gängen. Die Firma Superia gibt es noch heute. Sie produziert inzwischen Heizungskörper.

Durchbruch: Bonanzarad von Kynast

Einen weiteren frühen High-Riser zeigt die Rijwielfabriek Union aus den Niederlanden ebenfalls auf der 68er IFMA. Eigentlich traut man dem US-Trend dort wenig zu und denkt bei dem neuen Jugendrad wohl immer noch überwiegend an den Export. Bemerkenswertes auch auf dem Stand der Firma Kynast: In Form eines 20-Zoll-Rads im Klappradstil, aber ohne Scharnier, zeigt der große Fahrradproduzent aus Quakenbrück eine Innovation im Rahmenbau: die sogenannte OK-Mehrzweck-Rohrverbindung. OK steht für die Initialen des Firmengründers: Otto Kynast. Vorgesehen ist die neuartige OK-Pressverbindung am Hinterbau für zwei neue Fahrradtypen. Einer davon, so stellt sich auf der Musterschau in Essen im Jahr darauf heraus, ist als High-Riser konzipiert. Kynast präsentiert im Oktober 1969 in der Grugahalle sein »Geländerad mit imitierter Motorradgabel und neuer Schaltkonsole«. Das Ausstellungsrad trägt an Vorder- und Hinterachse jeweils zwei U-förmige Abweiser, die im Serienzustand aber verschwinden.

Ob diesen Entwurf ein Neckermann-Manager gesehen hat, ist nicht überliefert. Auf jeden Fall entwickeln die Produktexperten in der Frankfurter Zentrale eigene Aktivitäten. »Eines Tages tauchte bei uns der Chefeinkäufer von Neckermann in Quakenbrück auf. Der hieß Karl Jäger und hatte einen High-Riser-Rahmen im Gepäck«, erinnert sich Heinz Kolhosser (82), der die Kynast-Werke in leitender Funktion führte. Kolhosser ist ein bescheidener Mann. »Ich war zwar Chefeinkäufer und oberster Verkäufer in einer Person und damit kaufmännischer Direktor. Doch auf diesen Titel habe ich mir nie etwas eingebildet«, sagt der Kynast-Veteran. An jenen Tag, an dem der Neckermann-Chefeinkäufer auftaucht, erinnert er sich genau: »Jäger wollte, dass Kynast ihm eine größere Stückzahl von Fahrrädern nach dem Muster des mitgebrachten Rahmens baut und liefert.« Kein Problem für Kynast. Beim Mittagsessen werden sich Jäger, Kolhosser und Werner Kynast einig: Kynast baut die

Neckermann-Katalog 1970: Das Bonanzarad wurde exklusiv für den Versender von Kynast gebaut. Geschützt wurde der Begriff Bonanza erst später. Den Frontgepäckträger für die Badesachen gab es gegen Aufpreis.

Räder und hat ja bereits Erfahrung mit den eigenen, sehr ähnlichen Entwürfen. Die Stunde null für den Bonanzarad-Boom in Deutschland.

»Das Bonanzarad haben wir exklusiv für Neckermann gebaut«, sagt Kolhosser. Später folgten Derivate, aber in der Form mit dem ovalen Unterrohr und der schrägen Sissybar wurde nur Neckermann beliefert. Kontroverse Diskussionen gibt es über die Heckgestaltung. Bei einigen Kynast-Entwicklern erntet der Neckermann-Wunsch nach einem Gepäckträger Kopfschütteln. Sie wollen nicht einsehen, welchen Zweck das Miniteil erfüllen soll. Heinz Kolhosser erinnert sich: »Die Kinder sind damals gern mit ihren Rädern ins Schwimmbad gefahren. Und für die Badesachen benötigten sie eine Ablage am Fahrrad. Darum hat Neckermann darauf bestanden.« Einen Design- und Patentschutz oder Namensrechte habe es auf das Rad nicht gegeben. Damals wurden Geschäfte noch per Handschlag gemacht. Und für Kynast sei es Ehrensache gewesen, das Bonanzarad in der Form nicht in andere Handelskanäle neben Neckermann zu geben.

Folgende Seite: Der Bonanzarad-Boom bot für Fichtel & Sachs eine willkommene Werbemöglichkeit. Schließlich gehört die Pornoschaltung zu den prägenden Elementen des Rads.

Neues drängt vo

Neu: Sitze in Bananenform. Neu: Rücken- und Kopfstützen. Neu: Geweihle
Neu: schwungvoll gestaltete Rahmen. Bleibt: Torpedo-Freilauf, Torpedo-Dreig
Torpedo-Duomatic. Technisch Überlegenes gibt man nicht
Wenn eines Tages noch bessere Naben gebaut werden, wird Sachs sie ba
Also: weiterhin auf gute Partnersc

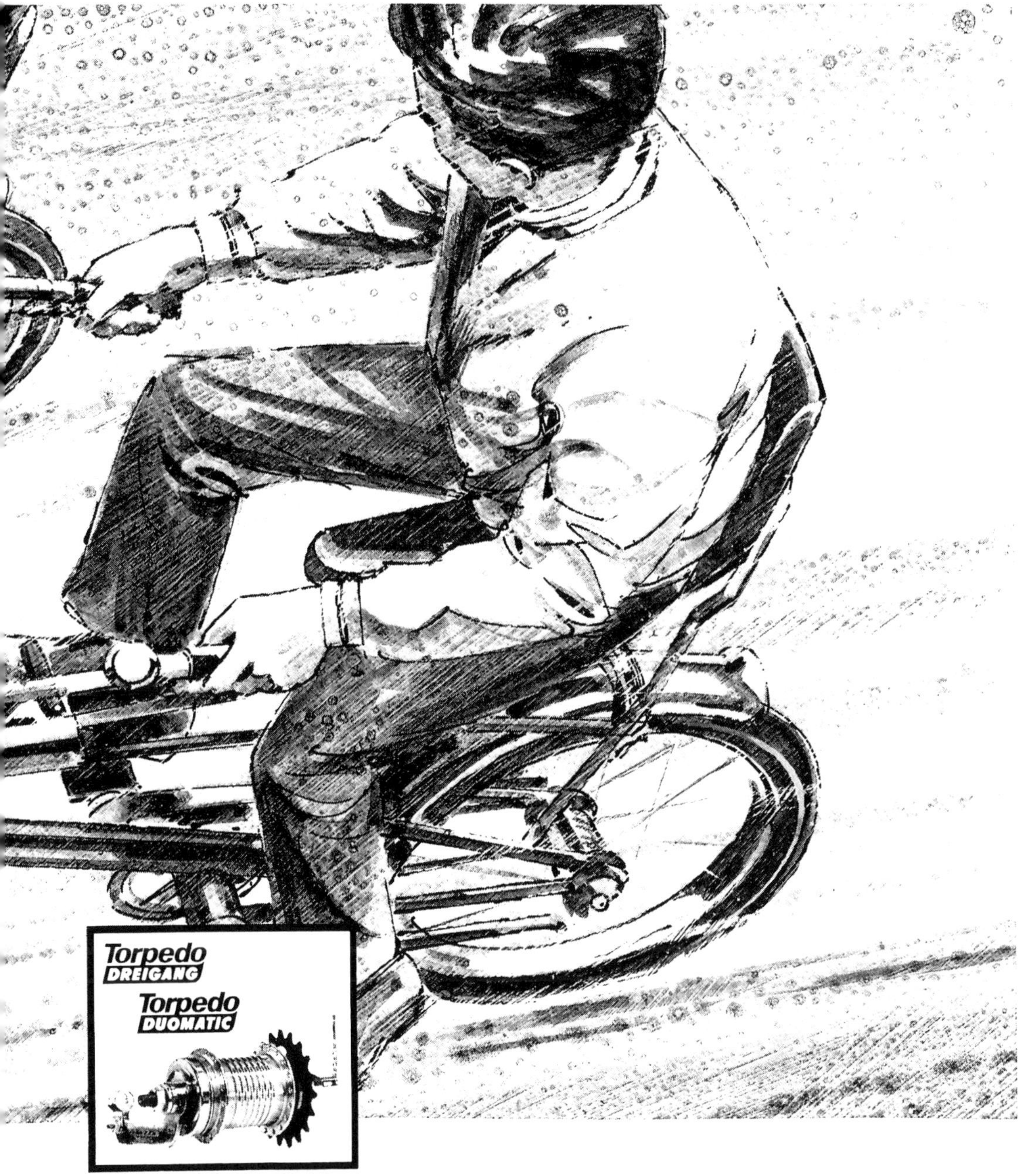

ḯorpedo bleibt.

Fichtel & Sachs – Fahren & Staunen

Bonanza: Wer hat's erfunden?

Die Geburtsstunde des Bonanzarads unter diesem Namen ist das Jahr 1970. Ein gelb-orangefarbenes Jugendrad mit geometrisch-gradlinigem Gitterrahmen ziert erstmalig den Neckermann-Katalog. Auf dem Unterrohr steht der Schriftzug Bonanza. Es hat eine maskuline Formensprache: Doppelbrücken-Telegabel mit Zierfedern, Einzellenkstangen sowie Sachs-Drei-Gang-Nabe samt Schaltkonsole mit Knüppel auf dem Oberrohr zeigen klare Anklänge an Chopper-Motorräder im *Easy-Rider*-Stil. Ein Detailfoto zeigt zudem ein stylisches VDO-Doppelinstrument bestehend aus Tachometer und Uhr. Nur in Deutschland setzt sich später der Name Bonanzarad für den High-Riser durch. Österreich und die Schweiz bleiben im Sprachgebrauch bei der ursprünglichen US-Bezeichnung. In anderen europäischen Ländern kursieren die Begriffe Musclebike, Crossbike, Wheelie-Bike, Rodeobike, Chopper, Bananabike, Polobike, Western-Fahrrad ...

Fahrradgeschäfte und Fachorgane fremdeln zunächst vernehmbar mit der Modewelle aus den USA. »Für High-Riser steht ein einheitlicher, jugendlicher Begriff in deutscher Sprache leider noch aus«, stellt der konservative *Radmarkt* Mitte 1970 fest. Dass mit Neckermann fast zeitgleich ausgerechnet eines der ungeliebten Versandunternehmen den Namen Bonanzarad prägen wird, dürfte in den *Radmarkt*-Redaktionsstuben für wenig Begeisterung gesorgt haben. Doch warum eigentlich Bonanza? Warum nicht Rodeorad? Oder Crossbike? Warum ausgerechnet Bonanzarad?

BONANZA-HYPOTHESE

BONANZA-HYPOTHESE 1:
Die TV-Serie

Die berühmte Westernserie *Bonanza* läuft bereits seit 1962 im Deutschen Fernsehen, ab 1967 im ZDF und wurde Ende der 60er-Jahre zu einem Publikumsmagneten besonders bei Jungen zwischen acht und 15 Jahren. Diese Popularität machen sich die Manager zunutze und nennen das neue Jungen-Sportrad Bonanza. War es eine externe Agentur? Oder ein Neckermann-Mitarbeiter? Das bleibt im Dunkeln. Fakt ist: Die Neckermänner lassen by Kynast nicht nur das Rad produzieren, sondern haben auch gleich den Namen im Gepäck. Bonanza! Den Rahmen ziert ein zweifarbiger Schriftzug sowie ein springendes Pferd samt Reiter und goldenem Sheriffstern auf dem Steuerrohr. Deutlicher lässt sich die große Nähe zum Wilden Westen und Cowboys kaum abbilden.

Wahrheitsgehalt: sehr hoch!

Begründung: High-Riser wie Fernsehserie kommen aus den USA. Darum spricht viel für diese Theorie. Die legendäre Westernserie um Vater und Brüder Cartwright gehört bei Jungen buchstäblich zum Pflichtprogramm. Aus Sicht von Marketingexperten liegt darum die Namensübernahme nahe, weil man damit gut die Hauptzielgruppe ansprechen kann.

BONANZA-HYPOTHESE 2:
Purer Zufall

Das Wort Bonanza stammt aus dem Spanischen und bedeutet übersetzt etwa Goldgräberstimmung. So beschreibt Fahrradproduzent Hans Schauff in seinem Tagebuch die Namensentstehung. Schließlich sei mit den Rädern viel Geld verdient worden – und es herrschte eben Goldgräberstimmung. Und: In Amerika wird bei Abverkaufsaktionen gern auch mit Bonanza Sale geworben. So taucht in einem Sears-Katalog beispielsweise ein High-Riser Bonanza auf – ein Verkaufsspektakel zu günstigen Preisen. Möglicherweise hat ein Neckermann-Manager das gesehen und das Wort übernommen.

Wahrheitsgehalt: mittel!

Begründung: Natürlich verfolgen Neckermanns Marktbeobachter genau, was die amerikanischen Versandhäuser in ihren Katalogen anbieten und bewerben. Sie sichten, analysieren und archivieren die Wälzer von Sears, JC Penney, Montgomery Ward und Co. Das Wort Bonanza werden sie nicht übersehen haben.

BONANZA-HYPOTHESE 3:
Katalogtheorie

Neckermann hatte in seinem Programm bereits Artikel mit dem Namen Bonanza und hat die Bezeichnung für das Fahrrad übernommen.

Wahrheitsgehalt: gering!

Begründung: In den Katalogen der 60er-Jahre taucht der Name Bonanza nicht auf. Überhaupt sind feste Namen für einzelne Produkte die Ausnahme. In der Regel verwendet Neckermann Gattungsbegriffe wie etwa Damenjeans oder Sport-Fahrrad. Erst 1973 meldet Neckermann den Namen Bonanza beim Deutschen Marken- und Patentamt als Wort-Bild-Marke an. Allerdings nicht für Fahrräder, sondern für Camping- und Freizeitartikel wie Grillgeräte und Badebecken. Optisch ist die Marke Bonanza durch ein springendes Pferd und den Schriftzug gekennzeichnet, der dann unter anderem auf Zelten und Wohnwagen zu finden ist. Geschützt ist die Marke bis 1983, gelöscht wird sie 1997.

Ob nun Hypothese 1, 2 oder 3 zutrifft, Fakt bleibt: Der Versandhandel spielt die entscheidende Rolle bei der Verbreitung des Bonanzarads. Zeigen sich Fachgeschäfte anfänglich ausgesprochen zurückhaltend gegenüber dem High-Riser, setzen Versender wie Neckermann und Quelle voll auf das neue Rad und verhelfen ihm zum Durchbruch. Auch große Warenhausketten wie Karstadt und Kaufhof nehmen High-Riser ins Programm und verkaufen sie in großen Stückzahlen. Das Verhältnis zwischen den aggressiven Vollsortimentern und den Fachhändlern ist gespannt. Besonders Neckermann genießt einen schlechten Ruf bei den traditionellen Fahrradläden, die preislich bei den Katalogknüllern nicht mithalten können. Immerhin betreibt Neckermann 32 eigene Kaufhäuser und darüber hinaus bundesweit 84 Versandstellen. Damit ist das Unternehmen aus Frankfurt eine große Konkurrenz zum Fahrradfachhandel und wegen seiner Einkaufsmacht gefürchtet.

Otto Kynast KG, 457 Quakenbrück

Zum bewährten bisherigen Programm an Jugend-, Sport-, Touren- und Klapprädern zeigt der Essener Ausstellungsstand einige neue Modelle, so z. B. das abgebildete „Geländefahrrad", bei dem u. a.

Das neue „Geländefahrrad" von Kynast

die imitierte Motorradgabel und die neue Schaltkonsole auffallen. Das Programm wird ferner durch einige neue Klappräder erweitert, darunter ein Klapprad 24 Zoll, das auf Wunsch verschiedenen Kunden in der kommenden Saison zur Verfügung steht.

Dieser Kynast-Prototyp war auf der Musterschau in Essen 1969 zu sehen. Die Bügel an Vorder- und Hinterrad verschwanden in der Serienversion.

Schlüsselrolle für den Versandhandel

Bereits 1965 gewinnt der Versandhandel an Bedeutung gegenüber den klassischen Händlerbetrieben. Denn in diesem Jahr startet die Klappradwelle in Deutschland, wie sie der Verband der Fahrrad- und Motorrad-Industrie (VFM) euphorisch tauft. Wie ein Flächenbrand ziehen die Verkäufe von klapp- und zerlegbaren Modellen an. Immer mehr Menschen wollen ein Fahrrad im Autokofferraum mitführen. Folglich steigt der Klappradanteil von fünf auf knapp 40 Prozent im Jahr 1972, in dem die deutschen Fabriken 3,3 Millionen Fahrräder produzieren. Diese Velomode ist insofern bedeutsam, als sich Klapp- und Bonanzaräder nicht nur die Laufradgröße teilen, sondern auch Antriebs-, Brems- und Kleinteile und darum oft von den gleichen Herstellern gefertigt werden. Die resultierenden Skaleneffekte vergünstigen die Produktionskosten und erhöhen den Profit. So übernimmt manches Klapprad die Bonanzarad-Federgabel oder Hinterradfederung und wird als teures Luxusmodell angepriesen. Heute sind diese Hybriden auch als Bonappis bekannt – eine Wortkombination aus *Bonanza* und *Klappi*, was wiederum scherzhaft für Klapprad steht.

Mit Aktionen und viel Werbung drücken vor allem Kaufhäuser den neuen Fahrradtyp ins

Kettler war früh dran mit einem eigenen High-Riser. Sein Name: Pirat!

Schlagersängerin Dorthe Kollo bei einem Pressetermin in Hamburg 1970. Die Polizeikontrolle ist fingiert.

Bewusstsein der konsumbereiten Bundesbürger. So notierte etwa der *Radmarkt* in seiner April-Ausgabe 1970: »Zwei Fliegen mit einer Klappe schlug ein Warenhaus in einer westdeutschen Kreisstadt: auf einem neuen Fahrradmodell, dem High-Riser (in den USA das beliebteste Fahrzeug der Jugend), führten drei junge Damen neue Mode-Kreationen auf einem Trip durch die Straßen vor.«

Schade, dass die *Radmarkt*-Redakteure so oberflächlich recherchierten. Den Namen der Kreisstadt hätte die Nachwelt schon gern erfahren. Und wo ist das Bild mit den Damen mit ihren Rädern? Die Kreiszeitung wird doch wohl darüber berichtet haben.

Der High-Riser macht Schlagzeilen

Zum Glück machte es der Fotograf einer Presseagentur kurze Zeit später deutlich besser. Er erwischte die bekannte Sängerin Dorthe Kollo in der Hamburger Innenstadt auf einem Rand Superior. Der belgische High-Riser hat nicht nur eine ewig lange Sissybar, eine Auspuffattrappe, Trommelbremse vorn und Einzellenkstangen, sondern auch ein gerades Oberrohr samt Schaltkulisse. Ach, und dass Dorthe im hellen Trenchcoat verbotenerweise radelnd den Fußweg nutzte und dabei von einem Polizisten ermahnt wurde, belegt, dass schon damals die Pressearbeit der zuständigen Agentur gut funktionierte. »Ein modernes Fahrrad ist immer gut, um Prominente noch prominenter zu machen«, heißt es in der Bildunterschrift.

Seinen endgültigen Durchbruch erlebt der High-Riser in Deutschland auf der IFMA, die im September 1970 in Köln stattfindet. Dort ist das Bonanzarad das bestimmende Gesprächsthema. Fast alle großen Fahrradproduzenten haben ein entsprechendes Modell im Programm. Besondere Beachtung bei den Fachbesuchern und Journalisten findet ein Modell mit cooler Sissybarfederung. Hersteller ist die Firma Schminke aus Bad Wildungen. Kynast hat gleich sechs unterschiedliche High-Riser-Typen plus ein sogenanntes 24er Schulrad mit Sitzbank auf seinen Messestand geschoben. Bemerkenswert auch, was Schauff und die ungarische Firma Pannonia präsentieren. Auf beiden Messeständen sind Fahrräder im typischen Chopper-Stil zu sehen: vorn ein 16-Zoll-Rad mit langer Gabel, hinten das typische 20-Zöller.

»Mein Vater hat sich bei diesem Entwurf vom Film *Easy Rider* beeinflussen lassen«, erinnert sich Jan Schauff , Sohn des Firmengründers Hans Schauff. In den USA hatten die Schwinn Krates und ihre Nachahmer in dieser Auslegung schon große Erfolge gefeiert. Pannonia hat sein Rad übrigens auf den Namen Pepper getauft. Es erinnert stark an den Barris-Dragstripper aus den USA. Daneben zeigt das ungarische Unternehmen ein Rad mit Namen Cowboy – ebenfalls ein High-Riser, dieser aber mit einem amerikanisch inspirierten Cantilever-Rahmen. Ein besonders stabiles 20-Zoll-»Jugend-Geländerad« präsentieren die Heidemannwerke aus Einbeck. Dank 40er Ober- und Unterrohr sowie Spezialvorbaugabel und Fünf-Gang-Konsolenschaltung erweckte dieses Exponat den Eindruck eines »motorisierten Fahrzeugs«, so die Einschätzung der Experten.

Auf den Messen herrscht Skepsis

Auch kleinere Anbieter und ausländische Hersteller drängen mit Entwürfen für High-Riser auf den deutschen Markt. Im Februar 1970 druckt das Branchenorgan *Radmarkt* beispielsweise ein gezeichnetes Werbemotiv der Marke GMA (Gustav Meyer Ahle), auf der ein simpler High-Riser mit Stahlpressrahmen zu sehen ist. Ein fast identisches Modell zeigt die holländische Marke Union wenig später auf der Rijwiel-en-Auto-Industrie-Messe (RAI) in Amsterdam. Ein Jugend-Allroundbike mit Stahlpressrahmen hatten die Konstrukteure flugs zum High-Riser umgebaut: Zentralrohr, Geweihlenker, Bananensattel, Sissybar und fertig. Auf der Messe waren gleich mehrere dieser Einfach-High-Riser mit Pressrahmen zu sehen. Doch so lieblos wie die Exponate aufgebaut waren, traute man der US-Mode nicht zu, im Land der Windmühlen Fuß zu fassen. »Die Hersteller äußerten sich zumeist skeptisch über die Möglichkeiten eines nennenswerten Inlandsabsatzes«, schreibt der *Radmarkt* in seiner Märzausgabe 1970.

Ähnlich rudimentär wirkt der besagte High-Riser-Prototyp der Schminke-Werke GmbH aus Bad Wildungen. Die Entwickler nahmen scheinbar einfach einen der klassischen U-förmigen Klappradrahmen, verzichteten auf das Scharnier und ergänzten zwei dünne Rohre, die wie bei Spannbrücken einen weiten Bogen vom Unterrohr bis zur Hinterachse beschrieben. Eine Sitzbank samt Sissybar und Hochlenker, sehr kurze Chromschutzbleche und ein langer Kettenschutz sorgen für die Musclebike-Optik. Ein zarter, wenig entschlossener Entwurf, die Nachfrage im Frühjahr 1970 zu testen. Entsprechend zurückhaltend sind die Reaktionen der Händler.

Warenhäuser lieben das Bonanzarad

Wie wichtig dagegen der Absatzkanal des bequemen Katalog-Shoppings für die Fahrradhersteller ist, zeigt sich schnell. Ab 1970 geht es Schlag auf Schlag: Neckermann bringt das Bonanza, es folgen Otto und Schwab mit High-Risern der Marke Hanseatic. Quelle bringt ähnliche Baumuster unter den Namen Europa und Mars, bei Kaufhof heißen sie Elite und in den Karstadt-Fahrradabteilungen schlicht K 2000. Alle diese Varianten kommen aber im Prinzip aus den gleichen Fahrradfabriken. Und alle folgen dem gleichen Stil mit der Zier-

Auch kleine Firmen wie GMA bauten High-Riser, in diesem Fall aus einen Pressrahmen.

feder-Telegabel und dem kantigen Rahmen. Die Nähe zu deutschen Motorfahrrädern (Mofas) von Kreidler, Zündapp und Hercules ist unverkennbar. Es spricht also einiges dafür, dass die typisch deutsche High-Riser-Optik stark von den Mofas inspiriert wurde, zumindest was die Gabelkonstruktion betrifft. Dazu kommt ein breiter 20-Zoll-Reifen

Schauff ließ sich bei diesem Modell vom Film *Easy Rider* **inspirieren. Ein ganz ähnliches Modell baute Gios in Italien.**

mit Stollenprofil, der sich unter dem Bananensattel dreht. Vorn ist eine schmalere und glatte Version verbaut, ebenfalls im 20-Zoll-Format. Mit dieser Formensprache verströmte der High-Riser eine deutlich robustere und maskulinere Anmutung als die Crusier-Versionen aus den USA.

Neben den Fahrradherstellern profitieren auch viele Zulieferer vom Bonanzarad-Boom. Einer davon ist die Firma Lüttgens & Engels aus Solingen-Gräfrath. Sie baut für mehrere Fabriken die ikonografische Doppel-Telegabel 470 FH. Die Werbung dafür fällt ausgesprochen minimalistisch aus. Das beobachtet auch Fahrradfabrikant Hans Schauff und notiert: »Ohne große Worte.« Wer braucht die schon bei dem bestechenden Produkt, wird sich der Firmenchef gedacht haben. Recht hatte er. Denn seine Gabel fand reißenden Absatz. Nicht ganz unwichtiger Treiber der neuen Fahrradmode ist die Firma Tritex. Sie baut schon seit Jahren wie etwa Kynast und Schauff High-Riser für den Export.

»Dem Zug der Zeit entsprechend hat Tritex ein Jugendsportfahrrad in Geländeausführung, mit Sitzbank, Westernlenker, Fünfgangschaltung, Geländebereifung auf dem Hinterrad usw., wie es schon seit Jahren mit gutem Erfolg im Export vertrieben wird, neu ins Programm aufgenommen«, so die Beobachtung eines Branchenexperten.

Die Presse hat Bedenken

Zu den wichtigsten Auftragsfertigern gehören wie erwähnt Kynast aus Quakenbrück, aber auch Schauff aus Remagen am Rhein und andere bekannte Velohersteller. Dazu zählen Schminke, Rapier, Mengen, Senori, Jung und Volke, Pannonia (Ungarn), sowie die Juniorwerke (Österreich). Kein Wunder also, dass die Branchenbeobachter vom *Radmarkt* den neuen Trend 1970 wie folgt kommentieren: »Kaum ein Hersteller, der auf der IFMA nicht auch High-Riser präsentierte. Es gibt sie in allen Schattierungen und vermutlich werden sich neben etwas zahmeren Modellen auch jene behaupten, die mit extrem hohen Rückenlehnen, mit Riesen-Lenkergeweihen das Skurrile dieser Fahrzeuge besonders unterstreichen – Pop-Fans lieben so etwas. Zweifellos wird der Trend hauptsächlich zu jenen Modellen mit Rahmenformen ohne übertriebene Verschnörkelungen gehen, und Telegabeln (echt oder imitiert) werden viele Jugendliche als recht schick und passend empfinden. Mag der schmale Bananensitz praktisch über dem Hinterrad thronen und demzufolge Stößen fast in senkrechter Richtung ausgesetzt sein – die Jugend nimmt es hin, das neue Fahrgefühl auf so einem Gelände- oder Polo-Rad, wie es einige Hersteller nennen, wird durch Unbequemlichkeiten nicht beeinträchtigt. Man wird sich also im Fachhandel auf den High-Riser einstellen müssen – vielleicht ähnlich, wie man sich in den letzten Jahren auf das Klapprad eingestellt hat. Und man wird hier auch die Erfahrung machen, dass es gut ist, sich nicht allzu sehr mit verschiedenen Modellen zu verzetteln.«

Das Autolenkrad übernahmen deutsche Hersteller aus den USA. Es setzte sich aber nicht durch.

Verwirrende Modellvielfalt

Die Sorge des *Radmarkt*-Redakteurs ist berechtigt. Denn die Typenvielfalt erreicht bereits 1971 verwirrend große Dimensionen. Allein Kynast

baut zu diesem Zeitpunkt mehrere Rahmenderivate. Aus den unterschiedlichen Ausführungen entstehen rund ein Dutzend Baumuster, die aber keiner speziellen Modellhierarchie oder Systematik folgen. Die Produktion scheint sich vielmehr an der Lagersituation, den Kapazitäten und vielleicht sogar den Launen der Designer zu orientieren.

Grundsätzlich gibt es zwei Kynast-Haupttypen: einen großen Rahmen für Jugendliche und einen kleineren, der eher auf Kinder zielt. Der große Rahmen hat ein abgeflachtes Unterrohr und einen Radstand von einem Meter. Am kleineren Rundrahmenmodell stehen die Räder fünf Zentimeter kürzer. Damit nicht genug: Beide Rahmenlinien wiederum splitten sich in weitere Unterarten. Die eckigen Versionen kommen überwiegend mit Markennamen wie Brilliant, Staiger, Nord-West, Kolbe, Olympic Racer in den Handel. Bei den runden Kynasts wiederum gibt es zwei Typen. Version A: Das zweiteilige Oberrohr endet im Steuerrohr. Version B: Das Oberrohr knickt kurz vorm Steuerrohr nach unten ab und mündet im Unterrohr.

Version A firmiert hauptsächlich als Alpina, Kosmos, Karzentra, Standard, Kolbe, Domina und Elite. Version B trägt meist Aufkleber von Karstadt (K 1000, K 2000), Winora, Jungherz, Arosa, Hafari, Radiant, Pollux, Mustang, Mars, Sparrenburg, Europa, Condor, Standard, Globus. Außerdem produziert Kynast eine Variante mit Hinterbaufedern (Agrippina, Mustang, Europa) sowie ein besonders lang gestrecktes Modell (Karstadt 3000, International, Alpina, Mustang).

Pepper und Cowboy: Diese Modelle wurden von Pannonia in Budapest gebaut.

Der Fachhandel springt auf

Animiert vom Erfolg der Warenhäuser und Versender, steigen ab 1971 auch zunehmend renommierte Fahrradmarken in den High-Riser-Markt ein. Ob sie nun Victoria heißen oder Kalkhoff, Goerike, Vaterland, HWE, EK oder Rixe: Am High-Riser-Boom wollen plötzlich alle teilhaben. Dabei ist es eigentlich nur der Rahmen, der Luft zum Differenzieren lässt. Die prägenden Anbauteile wie Bananensattel, Teleskopgabel, Sissybar und Geweihlenker kommen von den gleichen Zulieferern. Immerhin gibt es bei der Schaltung etwas Abwechslung. Neben den beiden Naben- und Konsolenherstellern Fichtel & Sachs (F&S) und Sturmey Archer (SA) tragen einige High-Riser eine Kettenschaltung von Zuliefer wie Huret. Den Einrohrschalthebel Speed Shift von F&S gibt es sogar schon 1968, und er kommt ebenfalls vereinzelt an High-Risern zum Einsatz, mehr allerdings an nachträglich aufgepimpten Jugendrädern. Mitte 1971 steht fest: Kinder- und Jugendfahrräder erzielen ein Umsatzplus von 20 Prozent gegenüber 1970, der Großteil des Wachstums wird durch Bonanzaräder erzielt.

Begünstigt wird die explosionsartige Absatzentwicklung durch die wirtschaftliche Lage vieler deutscher Familien. Es ist Geld da. Geld für Autos. Geld für Reisen. Geld für Mode. Und Geld für die Kinder. Steht ein Bonanzarad auf der Weihnachtswunschliste, wird dieser oft erfüllt. Obwohl das Rad vergleichsweise teuer ist. »Profitieren werden vom Kaufkraftüberhang zweifellos auch die Neulinge unter den Jugendrädern, die als Poloräder eingedeutschten High-Riser«, schreibt der *Radmarkt* in seiner Prognose für 1971.

frei Haus durch Großraum-Lkw's
Sport- und Klappräder, Kompakträder,
Highriser in vielen Variationen.
Auch Kinder-Highriser, Tourenräder.
Export-Modelle für USA –
und ein komplettes Rahmensortiment
für den Konfektionär!

Ein echter Partner des Fach-Grossisten!

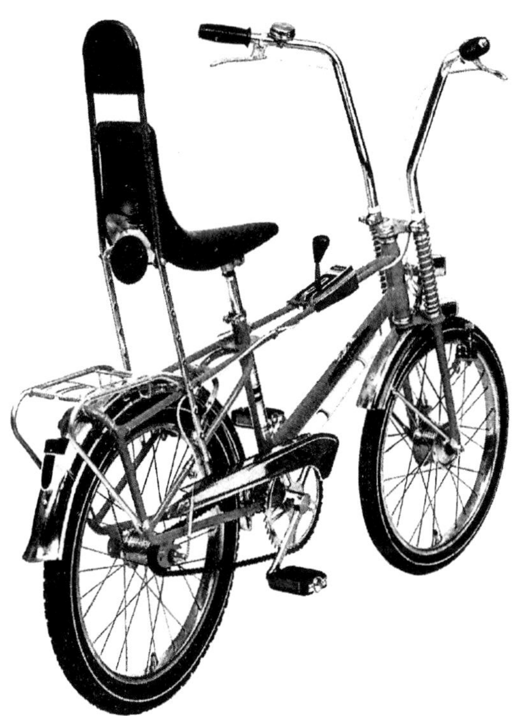

-Fahrradfabrik
4972 Gohfeld (Westf.)
Telefon (0 57 32) 20 51
Telex 09-71 504

Ein Unternehmen der PANTHER -Gruppe

Radmarkt Nr. 5/1972 **11**

Die Firma Rapier baute High-Riser für Großhändler. Diese verkauften sie dann unter verschiedenen Namen.

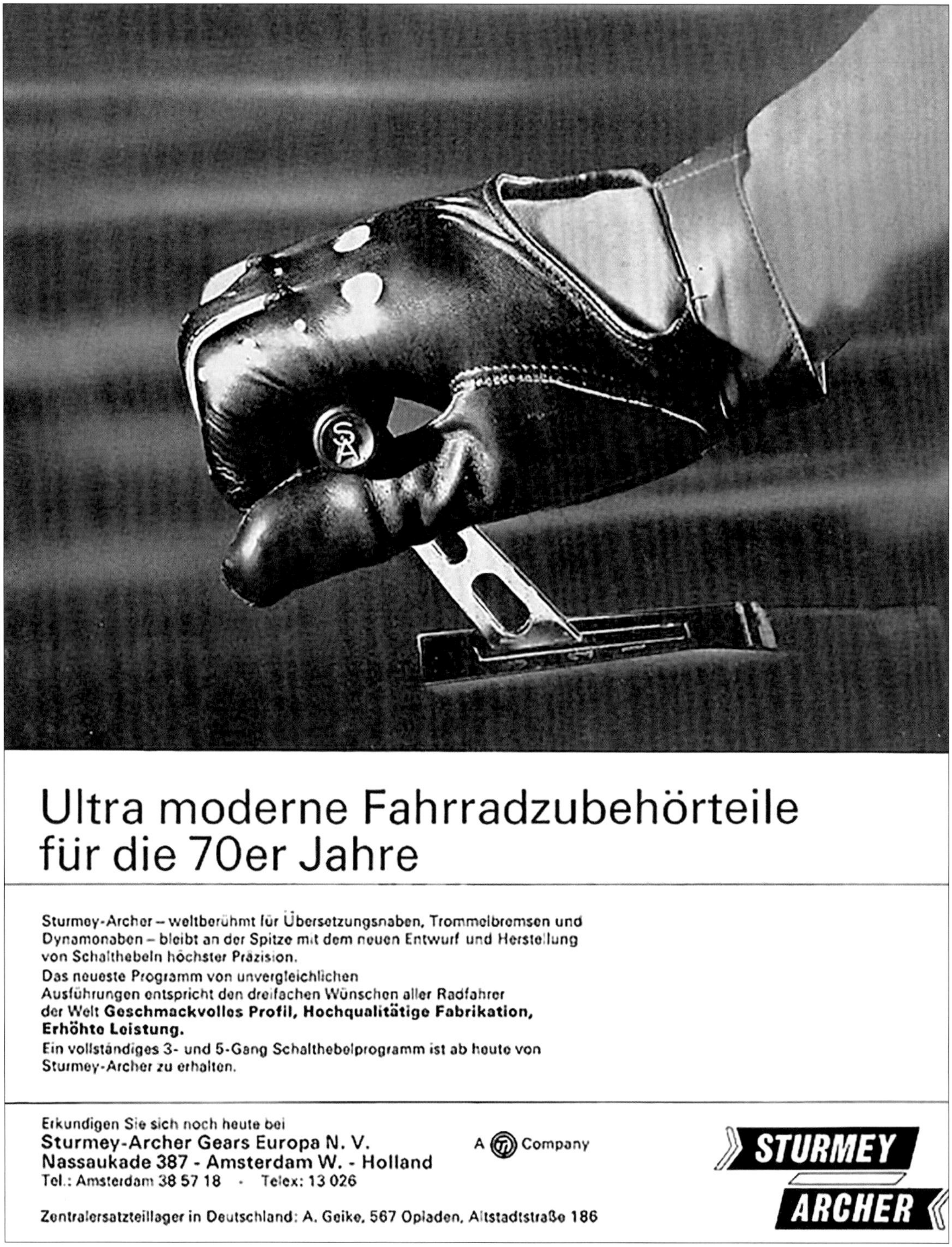

Ultra moderne Fahrradzubehörteile für die 70er Jahre

Sturmey-Archer – weltberühmt für Übersetzungsnaben, Trommelbremsen und Dynamonaben – bleibt an der Spitze mit dem neuen Entwurf und Herstellung von Schalthebeln höchster Präzision.
Das neueste Programm von unvergleichlichen Ausführungen entspricht den dreifachen Wünschen aller Radfahrer der Welt **Geschmackvolles Profil, Hochqualitätige Fabrikation, Erhöhte Leistung.**
Ein vollständiges 3- und 5-Gang Schalthebelprogramm ist ab heute von Sturmey-Archer zu erhalten.

Erkundigen Sie sich noch heute bei
Sturmey-Archer Gears Europa N. V.
Nassaukade 387 - Amsterdam W. - Holland
Tel.: Amsterdam 38 57 18 · Telex: 13 026

Zentralersatzteillager in Deutschland: A. Geike, 567 Opladen, Altstadtstraße 186

Musclecar-Feeling: Sturmey Archer setzte aufs PS-Image für seine Schaltkonsolen.

Kleine Jungs, ganz groß: Auch die Sachs-Konsolen imitierten die Wahlhebel hubraumstarker Automatikautos.

Außerdem erweitern die meisten Anbieter ihr Modellprogramm nach unten wie nach oben. So bringt Jung und Volke ein Kleinkinder-Bonanzarad mit 16-Zoll-Bereifung. Andere Hersteller folgen mit ähnlichen Modellen, um den Bonanza-Virus schon unter Drei- bis Fünfjährigen zu verbreiten. Staiger etwa bringt ein Bonanzarad mit 18-Zoll-Rädern und stabilem Doppelrohrrahmen, erweitert gleichzeitig die Auswahl am anderen Ende um ein 24-Zoll-Twen-Rad. Insgesamt versucht die Industrie, auch ältere Jugendliche zu ködern. Kalkhoff bringt ein »Luxus-Schülerrad mit 24-Zoll-Rädern, Halterung für die Schultasche unter dem Winkelsitz, Feder-Telegabel und Dreigang-Konsole«.Auch Schminke nimmt ein »Schulrad mit Langsattel und Lehne, typischer High-Riser-Bereifung sowie leuchtenden Schockfarben« ins Programm. Besonderer Clou: Die Telegabel ist nicht imitiert, sondern hat eine echte Federfunktion. Bei Rixe stehen ebenfalls die Schulkinder im Fokus: »Die Aufnahme für die Schultasche ist so ausgebildet, dass sie nicht verloren gehen kann – ein federnd angelenkter Bügel der Rücken-

Mit 16-Zoll-Bereifung köderte Neckermann auch ganz junge Bonanzarad-Fans.

Älteren Jugendlichen wurden Bonanzaräder im 24-Zoll-Format schmackhaft gemacht.

lehne gibt ihr sicheren Halt.« Beim klassischen 20-Zoll-Bonanzarad setzt eine Entwicklung hin zu immer mehr Luxus ein. Göricke zum Beispiel bringt sein Modell 1000 mit »stabilem, formschönem Ovalrohrrahmen, imitierter Telegabel, zweiteiligem Pololenker, gestepptem Vollpolstersattel mit Rückenlehne, Chromblechen mit verstärkten 20-Zoll-Geländereifen auf dem Hinterrad«.

HWE feiert sein Produktionsjubiläum von fünf Millionen gefertigten Fahrrädern mit einem Bonanzarad. Was sonst? So wichtig und dominierend wird es für Hersteller und Handel. Beim Fototermin wird das Sondermodell durch eine junge Frau in Hotpants in Szene gesetzt. In Fahrradgeschäften dagegen stehen die Räder dicht an dicht, Banane an Banane, in Weiß und Schwarz, manchmal sogar mit mehrfarbigem Sattel. Meistens dienen die High-Riser in den Schaufenstern als Blickfang. Der Bonanzarad-Boom bleibt allerdings auf das westliche Europa beschränkt. Zwar werden auch in den Staaten des Warschauer Paktes hier und da Bonanzaräder produziert, in Polen etwa von der Firma Romet, in Ungarn von Pannonia, aber die Stückzahlen bleiben gering. In der DDR sind Bonanzaräder anfangs nur für Kleinkinder erhältlich.

Farblos: In der DDR produzierte Blitz ein Kleinkinderrad mit winzigem Bananensattel.

Bonanzaräder aus der DDR

Die Firma Bächtiger aus Dessau produziert ab 1972 kurz das Modell Rallye – ein 12,5-Zoll-Kinderrad mit Ballonreifen, Sitzbanksattel und Lehne sowie Stahlrohrrahmen mit doppeltem Oberrohr. Nach der Verstaatlichung von Bächtiger wird das Rad kurzzeitig vom VEB Metallwaren Blitz weiter produziert. Hier geht dann auch ein 20-Zoll-Kinderrad mit Bananensattel und Sissybar in Produktion. Das Modell 405/3 ist ein Derivat des normalen Kinderrades 405 und bleibt sogar bis Mitte 1985 im Handel. Besonderheit: Durch ein Schraubscharnier ist es in zwei Teile zerlegbar. Zu kaufen ist das DDR-Bonanzarad unter anderem im Centrum-Kaufhaus am Berliner Alexanderplatz – wenn man angesichts der Plan- und Mangelwirtschaft Glück hatte.

Alles so schön bunt hier: Anfang der 70er protzten die Versender mit immer neuen Derivaten. Bis hin zum gefederten Jumbo-Jet.

Quelle versuchte sein Glück mit einem Rennlenker-Bonanzarad. Es war ein Flop.

Im Olympia-Jahr 1972 gibt es Sondermodelle. Das von Neckermann heißt Olympic Racer.

Ganz anders im Westen: 1971 befindet sich die Fahrradbranche im kollektiven Bonanzarad-Fieber. Nach dem Klapprad ist der High-Riser der neue Umsatzbringer. Die Euphorie ist groß, besonders in den Chefetagen der Waren- und Versandhauskonzerne. Fahrradproduzenten reiben sich die Hände: »Der Absatz wird nicht nachlassen. Eher ist mit einer noch stärkeren Nachfrage zu rechnen, nicht zuletzt durch neue Varianten und weitere Gags in der Ausstattung. Wegfallen sollte beim High-Riser allerdings der hohe Bügel – er kann beim Absteigen hinderlich sein. Ein kurzer Bügel tut's auch«, diktiert Detmar Grünfeld einem Journalisten in den Notizblock. Er ist Firmenchef von Baronia, einer Fahrradfirma, die auf Kinderräder spezialisiert ist. Sein Wort hat Gewicht. Neben langen Sissybars werden mehr und mehr Bonanzaräder auch mit einer stummelförmigen Rückenlehne auf den Markt gebracht.

Wie gefährlich ist das Bonazarad?

Ahnen die Entwickler etwa schon, was da kommen kann? Denn objektiv betrachtet, spricht wenig für das Bonanzarad. Es ist schwer, sperrig zu lagern, vergleichsweise teuer, qualitativ oft nachlässig gebaut und am Schlimmsten: Seine Fahrdynamik ist durch kleine Räder und eine hecklastige Gewichtsverteilung eine Katastrophe. Eigentlich hat es nur einen Vorteil: Es sieht spektakulär aus. Es ist eine Show auf Rädern – besonders vor der Eisdiele. Doch reicht das für ein langes Leben? Nein! Schon Anfang der 70er verstärkt sich die Skepsis am Bonanzarad in Fachhandelskreisen.

»Wir wollen mehr leichte Fahrräder mit Normallenkern. Hochlenker sollten wegen Rückenverkrümmung boykottiert werden«, fordert ein Ladeninhaber in einer Leserumfrage des *Radmarkts*. Ins gleiche Horn bläst der Chef eines Fahrradhauses in der Nähe von Hamburg: »Die Jugend möchte etwas, das außergewöhnlich und sportlich ist. Der High-Riser ist tot. Deshalb das Umsteigen auf ein Rennsportrad. Selbst die Elf- und Zwölfjährigen wollen ein sportliches Dreigangrad«, sagt Händler Kurt Timm. Auch Branchenanalysten registrieren, dass der High-Riser immer mehr in den Hintergrund tritt, dafür »das jugendliche Interesse sich offenbar ausgesprochen sportlichen Rädern zuwendet«. Bei Vätern, die selbst gern Fahrrad fahren oder sogar Rennsporterfahrung haben, kommt für ihre Kinder ein Bonanzarad nicht infrage. Sie erklären es schlicht für unfahrbar und unzumutbar für ihren Nachwuchs. Gekauft wird ein Sportrad. Basta! Dazu kommen besorgte Fachhändler, die nicht einfach nur an schnellen Geschäften interessiert sind, sondern für ihre Kunden das Beste wollen. Sie raten vom Bonanzarad ab. Streichen es zunehmend aus dem Sortiment. Oder hatten es gar nie im Angebot – trotz aller Verdienstaussichten. Am Ende sind es drei Faktoren, die das Ende des Bonanzarad-Booms einläuten: Sicherheitsbedenken, die wirtschaftliche Entwicklung und neue Trends aus den USA.

Spätestens 1973 werden Kritiker unüberhörbar. »Es besteht Überschlaggefahr. Nach vorn durch zu giftige Bremsen und zu hohe Lenker, nach hinten durch den kurzen Radstand und hecklastige Gewichtsverteilung«, so die Warnung von Verbraucherschützern. In Amerika werden die beliebten Schwinn Krates mit ihren unterschiedlichen Reifengrößen vorn und hinten von der einflussreichen Consumer Product Safety Commission sogar verboten. Auch die Verletzungsgefahr durch die Schalthebel auf dem Oberrohr ist den Sicherheitsaposteln ein Dorn im Auge. Sie werden in den USA ebenfalls für illegal erklärt. Ein Punkt, der auch den Bonanzarädern in Deutschland Kritik einbringt. Die scherzhaft als Pornoschaltungen titulierten Oberrohrkonsolen von Sachs, Sturmey Archer, Shimano und anderen verleihen den Bonanzas zwar einen einzigartig sportiven Look, führen aber auch zu so manchem schmerzhaften Zwischenfall. Besonders bei den Jungs wird die unangenehme Berührung von Schaltknauf und Körperweichteilen ein gängiges Thema auf dem Schulhof und der Straße. Das mag wie wildwesthafte Legendenverklärung anmuten, doch dass der hochragende Shifter ein erhebliches Verletzungsrisiko birgt, wird früher oder später auch dem wildesten Bonanza-Rider klar. Wer heute unrestaurierte Bonanzaräder anschaut, wird feststellen, dass oftmals die Schaltkonsole gerissen ist, der Plastikknopf zerstört wurde oder gleich das gesamte Bauteil fehlt. Zufall? Wohl kaum! Schon beim Auf- und Absteigen auf das Rad droht schnell eine Kollision mit der empfindlichen Getriebesteuerung. Kein Wunder also, dass die für das Bonanzarad so prägende Schaltkonsole heute zu den begehrtesten Ersatzteilen zählt, für die in Internetauktionen schnell über 100 Euro Zuschlagspreis erzielt werden. Nach der Schaltkonsole rufen auch die immer höher wachsenden Sissybars Sicherheitsapostel auf den Plan. Die riesigen Lehnen des Bonanzarads klemmen ihre Fahrer ein. Abspringen? Unmöglich! Ein Problem, das sich weiter verschärft, wenn der Fahrer mit Schulranzen zum Unterricht pedaliert. So soll es auch genau dieses Phänomen gewesen sein, das schließlich zu einer Art Selbstverpflichtung der Fahrradhersteller führt, keine Bonanzaräder mehr herzustellen.

Noch viel mehr als Schaltkonsolen und Sissybars sorgen die hohen Lenker für Kritik. Unfallstatistiken belegen, dass Kinder auf High-Risern und mit besonders hohen Lenkern deutlich öfter in Unfälle verwickelt sind als Nutzer anderer Fahrräder. 1974 sieht sich darum das schwedische Road and Traffic Research Institute genötigt, eine umfangreiche Versuchsstudie zu High-Risern in Auftrag zu geben. In ihr legen die Autoren Peter Arnberg und Thomas Tydén alarmierende Ergebnisse zur Sicherheit der beliebten Fahrräder vor. Sie untersuchen anhand des Modells Rodeo, ein in Schweden sehr beliebter High-Riser, im Vergleich mit anderen Fahrradtypen Handling, Bremsen und Gewichtsverteilung. Mehr noch: Die Autoren befragen auch 18 zwölfjährige Jungs, was sie am High-Riser so schätzen. Überwiegende Antwort: »Auf dem Rad sitzt man gut und kann sich prima mit seinen Freunden unterhalten.« Besonders die Sissybar lade dazu ein, sich während des Gesprächs hinten anzulehnen. Außerdem sei es in, einen High-Riser zu besitzen. Die Arnberg/Tydén-Untersuchung kommt darum zu dem Schluss: »Beim Fahrraddesign für Kinder sollten unbedingt soziale Aspekte berücksichtigt werden, weil sie einen starken Einfluss bei der Fahrradwahl der Kinder haben.«

Sheldons Schelte

Es sind nicht nur schwedische Wissenschaftler und deutsche Experten, die sich Gedanken über das Unfallrisiko von High-Risern machen. Auch der amerikanische Fahrradguru Sheldon Brown steht dem Fahrradtyp sehr skeptisch gegenüber. Berühmt geworden durch seine akribischen Technikartikel im Internet, widmet er sich in einem Beitrag dem Wheelie-Bike. »Trotz sentimentaler Verbindung vieler Menschen zu ihren Kinderrädern und einer aktiven Sammlerszene waren Wheelie-Bikes nach meiner Einschätzung ein totales Desaster«, schreibt Brown. Durch die Gewichtsverteilung sei es zwar möglich, mit minimaler Anstrengung einen Wheelie zu fahren. Doch dann setzt es vernichtende Kritik: »Die amerikanische Fahrradindustrie, angeführt von Schwinn,

1973 lässt Neckermann den Begriff Bonanza schützen. Gut zu erkennen an dem eingekreisten R hinter dem Namen.

machte mit dem Stingray viel kurzfristigen Profit. Doch das Wheelie-Bike führte zu einem ernsthaften Rückschlag für die gesamte Branche«, so Brown. »Die komische Sitzposition macht die Räder höllisch unkomfortabel, um selbst eine halbe Meile darauf zu fahren«, so Sheldons vernichtendes Urteil.

Konjunktur auf Talfahrt

Mitte der 70er kommt es außerdem zu einem dramatischen Einbruch des Fahrradabsatzes in den USA. Statt 14,2 Millionen Exemplaren wird mit 7,7 Millionen Stück nur noch etwas mehr als

Radrennfahrer Rudi Altig war Neckermanns Werbebotschafter für das Bonanzarad.

die Hälfte des Vorjahresergebnisses erzielt. Den vom Export abhängigen deutschen Herstellern beschert das ein Produktionsminus von 40,2 Prozent im Januar 1975. Und auch die inländische Fahrradkonjunktur erleidet einen heftigen Schwächeanfall. Diese rückläufige Entwicklung trifft Bonanzaräder besonders stark und wird eindrucksvoll durch Inlandsstatistiken belegt. Bereits 1974 verliert das High-Riser-Segment erdrutschartige 81 Prozent gegenüber dem Vorjahr. Ein Jahr später verlieren Bananensattel-Bikes erneut dramatisch: minus 79 Prozent. Im Konsumverhalten insgesamt verschiebt sich vieles zu Ungunsten des Fahrrades. Lukrative Zinsen führen dazu, dass die Deutschen viel Geld auf die hohe Kante legen. Außerdem sind sie Reiseweltmeister. Am Jahresanfang 1975 registriert der Tourismussektor einen ungewöhnlich starken Buchungseingang. Ferien werden wichtiger als Fahrräder.

Neue Fahrradmoden

Und wenn schon ein neues Fahrrad, dann bitteschön auch das angesagteste Modell. Die kommen erneut aus den USA. Dort begeistern schon länger sogenannte Lightweights die Käufer, also echte Rennräder oder leichte Rennsporträder für schnelles Fahren. Zügig folgt die deutsche Zweiradindustrie dem Trend. Sporträder erzielen wie aus heiterem Himmel 1974 ein Absatzplus von 45 Prozent gegenüber dem Vorjahr. 1975 steigt der Verkauf von sportiven Modellen sogar um 62 Prozent. Neben Erwachsenen hat die Branche dabei auch ganz speziell Jugendliche im Visier und lockt sie gezielt weg vom behäbigen Angeber-Bonanzarad hin zum flotten Flitzer mit zehn Gängen. Rennsportlich aufgemachte 24-Zoll- und 26-Zoll-Räder sind offensichtlich der Totengräber für die Bonanzaräder. 1976 tauchen sie letztmalig in den Katalogen der Versender auf. Hier und da werden sie noch direkt neben einem neuen Fahrradtyp

1976 kostete das Drei-Gang-Bonanza mit Rücktrittbremse stolze 239 D-Mark. Es war das letzte Jahr, in dem Neckermann es in seinem Katalog präsentierte.

Bonanzaräder hielten sich hier und da bis in die späten 70er-Jahre. Doch Anfang der 80er begeisterten zunehmend BMX-Bikes Kinder und Jugendliche – ausgelöst durch den Film *E.T.* Diese Bauform löste ein, was das Bonanza nie schaffte: echte Offroad-Qualitäten.

abgebildet, der bereits das nächste große Ding einläutet: dem Crossbike, aus dem rasch das BMX-Fahrrad entstehen wird.

Im Fernsehfilm *Die Vorstadtkrokodile* haben Bonanzaräder 1977 einen letzten großen Auftritt. Eine Jungenbande macht mit ihnen die Gegend ihrer rheinischen Kleinstadt unsicher. Und im Straßenbild bleiben sie vereinzelt noch bis Anfang der 80er-Jahre sichtbar. Dann sind sie plötzlich wie vom Erdboden verschluckt. Anschließend tauchen sie immer einmal wieder als Retrogag auf, und es bildet sich eine kleine Sammlerszene. Auch gibt es mehrere Wiederbelebungsversuche, doch die glorreiche Zeit des Bonanzarades will, kann und wird nicht zurückkehren.

adidas
adidas
international

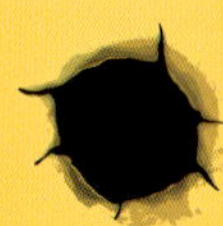

Das Bonanza Duo

Liebe geht durchs Bonanzarad. Birthe und Stephan Preussner teilen nicht nur die Leidenschaft für die 70er-Jahre-Stilikone

Bum, bum, bum, und immer schön im Takt bleiben. Stephan Preussner aus Hamburg haut auf die Pauke. Das ist sein Beruf. Er ist professioneller Schlagzeuger. Mal trommelt er für Bands im Studio, sitzt in einem Konzertsaal hinter seiner Schießbude oder sorgt für Stimmung auf Kreuzfahrtriesen. Meistens jedoch bringt er anderen Menschen den richtigen Takt für Bass Drum, Becken, Hänge-Toms und Hi-Hat in einer Musikschule bei. Stephan ist so vielseitig wie sein Instrument. Ein unterhaltsamer Typ; einer, der auch für schräge Ideen zu begeistern ist.

70er-Jahre-Freaks: Birthe und Stephan Preussner haben ihre Räder komplett mit jeder Menge zeitgenössischem Krimskrams aufgehübscht. »Die Dinger verbreiten einfach überall gute Laune.«

Sturmklingeln waren und sind eigentlich verboten – eigentlich.

Eine davon setzt er vor etwa 20 Jahren in die Tat um. Beim Aufräumen im Keller seiner Eltern entdeckt er das alte Bonanzarad aus seiner Jugendzeit, und sofort steht für ihn fest: »Das wird aufgemöbelt.« Gesagt, getan! Alles repariert, Fehlteile im Internet bestellt und rauf auf den Bock. Sofort ist es wieder da, das Gefühl von damals. Damals, das war 1977 in einem kleinen Ort in der Lüneburger Heide. Kirche, Kaufmannsladen und Kneipe – viel mehr gibt die niedersächsische Provinz nicht her. »1977, ich war neun Jahre alt, kreuzt ein Nachbarsjunge plötzlich mit einem Bonanzarad über die Dorfstraßen«, erinnert sich Stephan. »Ich war sofort fasziniert, besonders von der langen Rückenlehne und der Schaltkonsole.«

Ganz klar: Klein Stephan will auch so ein wüstes Ding und setzt das Bonanzarad auf seine Geburtstagswunschliste. Sein Vater hat wenig Schwierigkeiten, ein gut erhaltenes Gebrauchtrad aufzutreiben. Das steht dann ein paar Wochen im Keller, und Stephan wundert sich, warum er dort nicht mehr heruntergehen darf. Heute weiß er: »Meine Eltern hatten das Rad dort bis zu meinem Geburtstag geparkt.« Mitte 1978 ist es endlich so weit. Stephan wird zum wilden Reiter auf seinem eigenen Bonanzarad. »Zum Bahnhof, über Feldwege, durch den Wald – mit meinem Bonanza fühlte ich mich echt frei«, sagt Stephan. Zwei, drei Jahre geht das so. Dann kommen die Musik und andere Interessen. Und Stephans Bonanzarad verschwindet dorthin, wo es hergekommen war: im Keller.

Da steht es rund 20 Jahre. Bis zum besagten Aufräumtag. Statt Stephan für verrückt zu erklären, zündet auch bei Stephans Freundin Birthe sofort das Bonanza-Fieber. »Will ich auch haben«, sagt sie knapp und ersteigert bei eBay ein sehr heruntergekommenes Exemplar für 80 Euro. Stundenlang polieren Birthe und Stephan den Neuzu-

WM-Maskottchen: 1974 heizten Tip und Tap das Fußballfieber an. Natürlich auch auf Fahrradklingeln.

gang mit Chrompaste, bringen alles in Ordnung, und schließlich stehen zwei strahlende Bonanzaräder vor ihnen. Doch das reicht nicht. »Was die 70er-Jahre angeht, sind wir beide ziemlich durchgeknallt«, sagt Stephan. Darum bestellen sie jede Menge Zubehör für ihre Räder: Wimpel, Zierspiralen, Spiegel, Reflektoren, Sturmklingel – typischen Bonanzarad-Firlefanz eben.

Dann geht es auf Tour. »Oft um die Alster«, sagt Birthe, die inzwischen mit Stephan verheiratet ist. Was dabei passiert, beschreibt sie so: »Das Fahrgefühl und der Stil haben mich total überzeugt. Bonanzaräder verbreiten überall gute Laune und ein Lächeln bei Passanten. Besonders, wenn sie im Doppelpack auftauchen.« Aber nicht nur das, 2004 melden die beiden sich bei den Cyclassics an. Das ist Deutschlands größtes Jedermann-Radrennen in Hamburg. Zwischen all den Hightech-Wettbewerbs-Maschinen sorgen sie natürlich für maximale Aufmerksamkeit. Eine Spaßaktion mit Spaßgarantie. Kein Wunder, dass Birthe und Stephan die Cyclassics gleich viermal absolvieren und Nachahmer auf den Plan bringen. 2005 beispielsweise startet das Tri-Top-Bonanza-Team gleich mit einer ganzen Armada von Bonanzarädern bei den Cyclassics auf der 55-Kilometer-Distanz.

Verspielt: Der Wimpel huldigt den olympischen Sommerwettkämpfen 1972 in München.

Vorbild sind die Großen: Wie bei Autos und Motorrädern trägt Stephans Bonanzarad eine Blinkanlage.

Cruisen um die Alster, Rennen fahren, chillen im Park: alles mit ihren Bonanzarädern. Was soll da noch kommen? Langweilig wird es Birthe und Stephan auf ihren Stilikonen wohl nie. Für die Fotoproduktion zu diesem Buch hat Stephan extra einen Reifen geflickt. Nun sind beide Räder wieder voll einsatzbereit, und der nächste Bonanzaritt kann kommen. Darauf einen Trommelwirbel. Passender geht es für Schlagzeuger Stephan und seine Frau Birthe nicht.

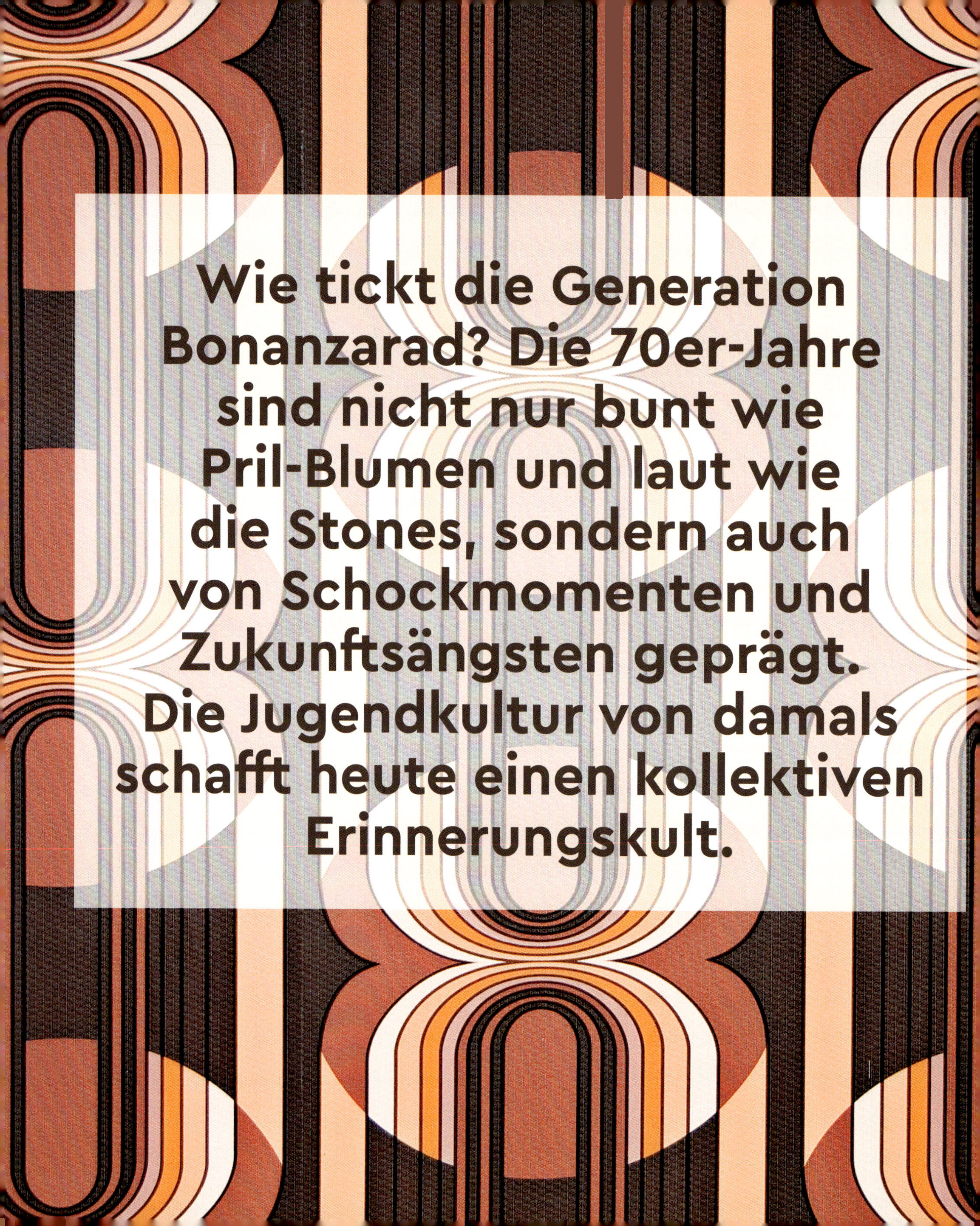
Wie tickt die Generation Bonanzarad? Die 70er-Jahre sind nicht nur bunt wie Pril-Blumen und laut wie die Stones, sondern auch von Schockmomenten und Zukunftsängsten geprägt. Die Jugendkultur von damals schafft heute einen kollektiven Erinnerungskult.

Child in Time

oder wie die Zeitgeister eine ganze Generation prägten

Die »Goldenen 20er-Jahre«: Das ist lange her. Es folgen »depressive« 30er und deutlich nach dem Zweiten Weltkrieg die »Swinging 60s«. Ja, aus dieser Phase gibt es noch Zeitzeugen und lebhafte Erinnerungen. Wer in Dekaden denkt und nach ihren besonderen Merkmalen fragt, kommt an den prägenden Adjektiven nicht vorbei: golden, depressiv, swinging … Und die 70er? Wofür stehen sie? Wer bestimmt die Schlagzeilen? Wie ist es, das Lebensgefühl, als Bonanzaräder die Herzen der Jugendlichen erobern? Was prägt den Modestil und Alltag der Jugendlichen?

Soziologen und Historiker kennzeichnen die Phase zwischen 1970 und 1980 oft mit dem Adjektiv »wild«. Die wilden 70er eben. Aber trifft es das? Wie wild ist die Dekade wirklich? Fakt ist: Zahm, brav, eintönig oder langweilig kommen die 70er-Jahre auf jeden Fall nicht daher. Keine Zeitspanne nach dem Krieg ist so von Umbrüchen und Veränderungen gekennzeichnet wie das siebte Jahrzehnt der 1900er-Jahre. »Der Begriff vom disruptiven Wandel trifft es ganz gut«, sagt die Zeitgeist-Forscherin Kirstine Fratz aus Hamburg. »Da war unheimlich viel los – ob die Rolle der Frau, Erziehungsfragen oder die Hippiekultur, die Menschen experimentierten und waren im Aufbruch.«

Gesellschaft im Wandel

Schon die späten 60er-Jahre sind in Deutschland von einer Aufbruchstimmung geprägt: weg vom Zigarrenmuff der Wirtschaftswunderjahre, hin zu mehr Freiheit, Kreativität und Mitbestimmung. Wie so vieles in diesen Jahren ist auch die studentische Revolte ein US-Import, der 1968 in einer Bewegung gipfelt und ihr einen eigenen Namen aufdrückt: die 68er. Neben den gesellschaftlichen Trends kommen auch zunehmend Produkte aus der Konsumgüterindustrie über den Atlantik. Aber nicht nur die Wirtschaft entwickelt sich rasant weiter, auch die Gesellschaft gibt Gas. Mit der Dynamik der bunten Warenwelten und des Überangebots kann sie allerdings nur schwer oder nicht Schritt halten.

Ausländische oder Scheidungskinder? Solche »Schicksale« wertet die Allgemeinheit noch als etwas sehr Außergewöhnliches. Sie werden

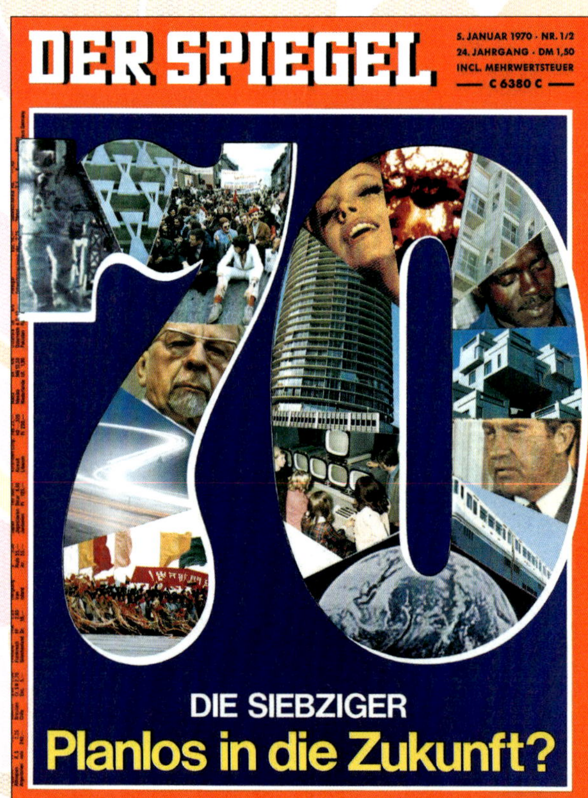

Wie planlos werden die 70er? Das fragt sich ***Der Spiegel*** **im ersten Heft des neuen Jahrzehnts.**

bedauert und verurteilt. Das Jahrzehnt von 1970 bis 1980 wird anfänglich noch stark von solchen tradierten Weltbildern geprägt, die zunehmend für eines sorgen: wachsende Unsicherheiten. Wo soll das nur enden? Bereits in der ersten Woche des Jahres 1970 fragt *Der Spiegel* provokant: »Die Siebziger – Planlos in die Zukunft?« Und so geht es auf den Titelseiten des Nachrichtenmagazins düster weiter: »Sterben die Städte?«, »Wie gefährlich ist die Pille?«, »Im Wohlstand ersticken?«, »Gift im Wasser?«, »Wieviel Arbeitslose?«, »Macht Mengenlehre krank?«, Todesstrahlen aus dem Atom-Kraftwerk?«, »Sind Deutschlands Unternehmer müde?«, »Wie rot dürfen Lehrer sein?«. Deutschlands wichtigstes Leitmedium hat ganz offensichtlich viel mehr Fragen als Antworten. Und ganz häufig schwingt bei den Titelthemen die Angst mit: Angst um die Umwelt, Angst ums Geld, Angst vor Einwanderung … obwohl sie noch nicht so heißt, entsteht und verstärkt sich in den 70ern eine charakteristische Eigenschaft der Deutschen: die German Angst.

Keine Frage, sondern eine wichtige Feststellung hat *Der Spiegel* dann aber doch: »Ende der Überflussgesellschaft«. Eine Titelzeile, die ohne Fragezeichen auskommt. So konfrontiert das »Sturmgeschütz der Demokratie« seine Leser mit einer unbequemen Wahrheit. Die Ölkrise hat Deutschland fest im Griff. Der Beschluss der OPEC-Staaten, den wichtigsten fossilen Rohstoff zu verteuern, schockiert die Bundesrepublik. Stellt er doch nichts weniger als die Freiheit infrage; vor allem natürlich die freie Fahrt für freie Bürger. Und so werden die Fotos vom 25. November 1973 und den drei folgenden Adventssonntagen zu den spektakuläreren Dokumenten der 70er-Jahre. Und zu den lustigsten: Zelte auf der Autobahn, mit Langlaufskiern über die Bundesstraße und mit dem Fahrrad die Hauptschlagadern der Metropolen erobern – die Deutschen nehmen's überwiegend mit Humor und machen etwas aus dem Verbot. »Das Fehlen der gewohnten Stabilität erzeugt in den 70ern Unsicherheiten. Diese wiederum sind ein guter Nährboden für einen Wandel«, analysiert Forscherin Fratz. Defizite und Sehnsüchte, in so einer Gemengelage könne gut Neues entstehen, meint sie.

Immer wieder sonntags: Die Ölkrise führt Ende 1973 zu Fahrverboten.

Juveniler Lebensstil

Denn trotz aller Zukunftssorgen und Ungewissheiten tobt doch auch die Lebenslust in den Wohnzimmern und Partykellern. Bis heute hat sich diese Unbeschwertheit vor allem durch die Entstehung des Discosounds ab 1974 und fetzige Schlagermusik im Gedächtnis der Deutschen konserviert. Besonders die schwedische Popband Abba tourt um die Welt und berauscht die Mas-

Abbamania: Die vier Schweden prägten den Sound der 70er.

sen mit einer regelrechten »Abbamania«. Deutschland feiert aber auch zum Happysound von James Last und witziger, meist oberflächlicher, zuweilen peinlicher Schlagermusik. Bis heute schmettert Roberto Blanco noch immer regelmäßig sein *Ein bisschen Spaß muss sein*, Jürgen Drews befeuert mit *Ein Bett im Kornfeld* sexuelle Fantasien, und Wencke Myhre sticht auf Geburtstagen und Jubiläumsfeiern im *Knallroten Gummiboot* in See.

Während die Erwachsenen sich unbekümmert die *ZDF-Hitparade* mit Dieter Thomas Heck reinziehen, erobern *Kli-Kla-Klawitter*; *Rappelkiste*; *Robbi, Tobbi und das Fliewatüüt; Pan Tau; das Feuerrote Spielmobil* und die *Sesamstraße* die Kinderzimmer. Und Hans Paetsch spricht scheinbar alle Hörbücher auf LP. Alle! Die etwas Älteren legen lieber Smokie, Sweet und Slade auf. Deep Purple liefern mit *Child in Time* nicht nur einen epochalen Rocksong ab, sondern kreieren auch die Hymne einer ganzen Generation. Natürlich ungewollt, denn Texte sind für die Meisten zweitrangig; englische Songs verstehen die Meisten ohnehin nur in Fragmenten. *Child in Time* – ein Protestsong gegen den Vietnamkrieg? Kann nicht sein. Doch, genau das ist er. Und dass Juliane Werding mit *Am Tag, als Conny Kramer starb* einen Drogentoten besingt, erschließt sich vielen erst Jahre später.

Wirtschaftswunder in der Verlängerung

Keine Frage, die Schlager der 70er stehen für Lebenslust und Unbekümmertheit. Ihr Motto: Wir haben es geschafft. Wir sind nicht nur wieder wer. Nein, mehr noch: Uns geht es sogar richtig gut. Die Läden und Kaufhäuser sind voll. Bestellt wird bei Otto und Neckermann. Sogar den Traum vom Fertighaus gibt es aus dem Quelle-Katalog. Preis: 49.800 Mark. Gefühlt geht es noch immer aufwärts; das Wirtschaftswunder macht Überstunden. Gleichzeitig wurzelt in den 70ern die soziale Ungleichheit, die in den Jahrzehnten danach mehr und mehr zu einem gesellschaftlichen Gefälle werden wird. Neben wohlhabenden Vorstadtsiedlungen und dem Eigenheim im Grünen wachsen in den Ballungsräumen monströse Großraumsiedlungen mit zweifelhaftem Ruf. Ob Frankfurter Nordweststadt, Köln-Chorweiler, Stuttgart-Asemwald, München-Neuperlach, Berlin-Gropiusstadt, Bremen-Neue Vahr, Hamburg-Mümmelmannsberg oder Ludwigshafen-Pfingstweide – die riesigen Hochhauskomplexe sind besondere Biotope mit überraschender Ähnlichkeit zu traditionellen Dorfgemeinschaften. Die große Nähe zu den Nachbarn wird von ihren Bewohnern selten als beklemmende Enge wahrgenommen, sondern stiftet vor allem unter Jugendlichen Zusammengehörigkeitsgefühl, vielleicht sogar Gemütlichkeit mit hohem Kuschelfaktor.

Alles Bonanza!

Hochinteressant, wie intensiv und nachhaltig sich die Konsumlandschaft der 70er-Jahre ins kollektive Gedächtnis der heute Ü-50-Jährigen gebrannt hat und zu einem regelrechten Weißt-du-noch-Kult führt. Produkte, TV-Serien, Werbejingles, Redensarten und Gewohnheiten werden heute nur zu gern romantisiert, verklärt und zurückgesehnt. Vom Dolomiti-Eis bis zum Schlagermove – die Seventies-Symbole feiern in regelmäßigen Abständen Wiederauferstehung.

Wie gern sich die Kinder und Jugendlichen der 70er an ihr Heranwachsen erinnern, zeigen die lebhaften Onlinediskussionen. Aus einem Internetforum in Österreich entsteht 1999 das vielbeachtete Buch *Wickie, Slime und Paiper*; ein Jahr später extrahiert die Wochenzeitung *Die Zeit* aus einem ähnlichem Web-Portal ein amüsantes Erinnerungskompendium. Name des 377 Seiten starken Buches: *Alles Bonanza!* Der Titel zeigt, welch große Bedeutung das Bonanzarad als Ikone der wilden 70er hat. Wer eines kaufen kann, erwirbt damit ein Stück Freiheit. Schließlich wird ein Zwölfjähriger auf dem Bananensattel zu einem Großstadt-Cowboy, bereit für das große Abenteuer. Oder was immer da draußen auf ihn wartet.

Wo ist Adam? In Folge 196 ritten die Cartwrights nur zu dritt über die Ponderosa-Ranch.

Und die Erinnerung daran fesselt die Gruppe der Ü-50-Jährigen noch heute. Neben Musik, Kleidung und Schule sind es ganz besonders die kleinen Dinge des Lebens, die den *look and feel* von vorgestern ins Hier und Jetzt transportieren: das Zungenkribbeln des Ahoi-Brausepulvers aus dem Tante-Emma-Laden, der klebrige Geschmack einer Lutschmuschel, der Starschnitt aus der *Bravo*, der Geruch von Badedas oder die sonore Stimme von Friedrich Schütter, der Ben Cartwright in *Bonanza* synchronisiert. Western (von gestern) sind in. *Rauchende Colts* oder *Westlich von Santa Fé* fesseln Halbstarke vor der Glotze ebenso fest wie »Rothäute« Revolverhelden an den Marterpfahl. Tierisch beliebt auch: *Lassie* und *Flipper*. Und *Petrocelli, Minimax, Time Tunnel, Bezaubernde Jeannie, Daktari und Percy Stuart … – ein Mann, ein Mann, ein Mann, der alles kann*. Logo, Helden sind gefragt. Ob sie nun wie der von Raimund Harmstorf gespielte *Seewolf* rohe Kartoffeln mit der bloßen Hand zerquetschen oder wie David Carradine mit akrobatischen Kung-Fu-Kämpfen ihre Gegner erledigen. Genau hier sieht Kirstine Fratz den wichtigs-

Grün und gut: Palmolive war mehr als ein Spülmittel.

ten Grund für den Erfolg des Bonanzarades. »Das Ding hilft dabei, seine Rolle zu definieren. Jenseits von Vorgaben gibt es eine Antwort auf die Frage: Was will ich sein?«, sagt die Zeitgeist-Expertin. Es sei vollgestopft mit Versprechen. Versprechen nach Freiheit, nach Wildem Westen und Cowboys und dem Versprechen, dass der Horizont nicht am Ortsausgang endet.

Hach, das sind schöne Erinnerungen: an TV-Serien, Nahrungsmittel, Reklame und Produkte aller Art. Beim nostalgischen Blick in den Rückspiegel geht es allerdings weniger ums eigene Selbstbild in der Vergangenheit, das nur der Einzelne erinnert. Vielmehr steht die Beziehung zu den Konsumgütern, die bei allen sehr ähnlich ist, im Zentrum der romantischen Verklärung. Ihre Bedeutung für die Gemeinschaft in den 70ern wird zum Narrativ der eigenen Geschichte. Und diese ist keine Einzelkämpfergeschichte, sondern die einer Gruppe mit kollektiven Werten. Aber warum ist das so? Warum entstand dieses solidarische Gemeinschaftsgefühl nicht schon in den 60ern oder 50ern?

Pioniere des Wohlstands

Die Kinder der 70er sind eine Pioniergeneration. Sie kommt als Erste in den vollen Genuss der Wohlstandsgesellschaft mit ihrem Warenüberangebot. Überall und fast immer ist alles verfügbar. Die 70er markieren im Westen endgültig das Ende jeder Form von Mangelwirtschaft. Von Flensburg bis Füssen, von Aachen bis Hof, in Neukölln und Charlottenburg – Konsumgüter aller Art sind flächendeckend identisch verfügbar. Und werden intensiv beworben. Das verbindet. Heute sind diejenigen, die in den 70er-Jahren aufwuchsen, so eine Art Geheimbund, der sich über Rituale und Produkte definiert. Ohne sich persönlich zu kennen, besteht eine tiefere innere Verbindung. Zugang hat nur, wer die Zeit aktiv erlebt hat. Früheren und späteren Generationen fehlt die unmittelbare Erfahrung eines Zwölf- oder 17-Jährigen mit der Dekade. Der Zugang zum Klub bleibt verschlossen. In diesem Kontext besitzt das Bonanzarad als popkulturelles Zitat eine herausragende Bedeutung. Gern wird es so zum Vehikel einer »Früher-war-alles-besser«-Interpretation. Was waren das nicht für tolle Zeiten …

Spione und Terroristen

Doch das viele Licht wirft auch immer wieder dunkle Schatten über die optimistische Republik. Und dabei sind es längst nicht nur Ölkrise und Rezessionsängste, die die Bundesbürger umtreiben. Denn auch politische Skandale und vor allem der Terrorismus schaffen große Unsicherheiten. So wird am 24. April 1974 Günter Guillaume in Bonn verhaftet. Er gehörte rund zwei Jahre zum engeren Zirkel um Willy Brandt und hat den Bundeskanzler als DDR-Spion für die Stasi bespitzelt. SPD-Kanzler Brandt tritt wenig später von seinem Amt zurück. Er bleibt den Deutschen vor allem durch seinen historischen Kniefall 1970 am Ehrenmal für die Toten des Warschauer Ghettos in Erinnerung.

Dass Politik nicht nur den Menschen dient, sondern zu oft auch ein schmutziges Geschäft ist, erfährt die Welt im gleichen Jahr auch durch die Watergate-Affäre. Der beliebte US-Präsident Richard Nixon wird aus dem Amt gedrängt. Er ist an illegalen Machenschaften gegen seine Gegner in der demokratischen Partei beteiligt. Das Heile-Welt-Bild der Supermacht kriegt auch in der Bundesrepublik tiefe Risse.

Großereignis: Die Fußball-Weltmeisterschaft fand 1974 in Deutschland statt.

Es lebe der Sport

Bleibt der Sport als wichtiger Zufluchtsort für unbekümmerte Euphorie. Große Kollektivereignisse vor dem Fernseher sind seit der Mondlandung von Neil Armstrong 1969 eine identitätsstiftende Sache für Westdeutschland. Es ist die Zeit, als das Deutsche Fernsehen pünktlich um 23 Uhr Sendeschluss macht und danach nur noch ein Testbild sendet. Ausnahme: Sportereignisse wie die Reihe *Boxen im Ersten*. Väter holen dazu ihre halbwüchsigen Jungen mitten in der Nacht aus dem Bett, um Ali-Boxkämpfe in der Glotze zu sehen. Wer gar nicht erst ins Bett geht, verkürzt sich die Zeit bis zum Kampf mit dem *Rockpalast* des WDR. Unvergessen bleibt der *Rumble in the Jungle*: Der legendäre Boxkampf findet in der zairischen Hauptstadt Kinshasa statt, wo sich die beiden Schwergewichtslegenden George Foreman und Muhammad Ali den wichtigsten Boxkampf aller Zeiten liefern. Ali schlägt seinen Gegner mit brillanter Taktik in der achten Runde k. o. Da der Kampf um drei Uhr

Der größter Boxkampf aller Zeiten: Ali gegen Foreman in Kinshasa.

morgens beginnt – das ist die beste Sendezeit in den USA –, bricht sogar der Weckdienst der Deutschen Bundespost zusammen. Das war 1974. Im gleichen Jahr wird Deutschland im eigenen Land Fußballweltmeister. Den Jubelstürmen geht eine denkwürdige Niederlage voraus, als am 22. Juni 1974 das Team der Bundesrepublik gegen die Auswahl der DDR im Hamburger Volksparkstadion verliert. Das einzige Tor im einzigen A-Länderspiel zwischen den beiden deutschen Staaten schießt der für Magdeburg spielende Jürgen Sparwasser. Da ist es wieder, das Wechselbad der Gefühle, das sich wie ein roter Faden durch die 70er zieht.

Sinnbildlich für das Auf und Ab steht auch der schwere Unfall von Niki Lauda auf dem Nürburgring. Der Österreicher wird 1975 Weltmeister in der höchsten aller Motorsportklassen. Ein Held! Nur ein Jahr später rast er auf der Nordschleife des Nürburgrings spektakulär in eine Felswand, wäre im Rennwagenwrack fast verbrannt und wird von mehreren Konkurrenten aus seinem Ferrari gerettet. Wieder ein Jahr später, in der Saison 1977, erkämpft Lauda erneut den F1-Weltmeistertitel. Was für ein Stehaufmännchen.

Traurig wiederum enden die Olympischen Sommerspiele in München: Am 5. September 1972 kommt es zu einem Attentat, bei dem elf israelische Athleten ermordet werden. Der Terror wird zum ständigen Begleiter der 70er-Jahre. Besonders die Gründung der Roten-Armee-Fraktion (RAF) stürzt die Republik in ein Trauma. Die Wurzeln der Organisation liegen in der Baader-Meinhof-Gruppe, die bereits 1970 als gewalttätige Guerilla-Gruppe der bürgerlichen Bundesrepublik den Kampf ansagt. Fahndungsplakate in den Ämtern der Deutschen Bundespost und traurige Nachrichten über RAF-Mordanschläge, vorgelesen von *Tagesschau*-Sprecher Wilhelm Wieben, bestimmen den Alltag der Deutschen.

Die Autos werden sparsamer

Vor allem auch im Alltag des kleinen Bürgers kommt es in den 1970er-Jahren zu bedeutenden Umwälzungen. Die modische Trendfunktion der USA ist allgegenwärtig. Was jenseits des Großen Teiches angesagt ist, wird gern kopiert und landet oftmals in abgewandelter Form in deutschen Wohnzimmern – oder auf Terrassen. Beispiel Hollywoodschaukel: Die ziert während der 60er zunehmend die Gärten aufstrebender Häuslebauer und wird zum Ausdruck eines mondänen Lebensstils. Ab 1971, also zeitgleich mit dem Bonanzarad-Boom, verhilft die ZDF-Sendung *V.I.P.-Schaukel* dem schwingenden Möbelstück zu weiterer Prominenz.

Auf den Straßen dominiert der Käfer

Bis Mitte der 70er-Jahre dominiert der allgegenwärtige VW Käfer das Straßenbild Deutschlands. Unternehmer fahren repräsentative Mercedes-Modelle und Opel-Typen wie Admiral und Diplomat. Diese großen Autos der deutschen Tochter des amerikanischen Autobauers General Motors (GM) folgen der US-Straßenkreuzer-Mode – riesige Karosserien, angetrieben von einem großvolumigen Achtzylindermotor. Wie das High-Riser-Fahrrad handelt es sich um einen Modeimport aus den USA. Selbst bei den Sportwagen fungiert nicht mehr Italien als Vorbild – der 1969 vorgestellte Porsche 914 war quasi eine Adaption des Mittelmotor-Dinos von Ferrari –, sondern mit dem Opel GT erobert Anfang der 70er eine Mini-Corvette die Herzen der Sportfahrer. 1970 startet zudem die Karriere des legendären Opel Manta, der im Prinzip nichts anderes verkörpert als eine geschrumpfte Version der amerikanischen Musclecars. Zu dieser Sorte Auto zählt auch der Ford Capri – heute ebenfalls als Stilikone verehrt.

Kein Zweifel, dass die vorherrschenden Automoden Abstrahleffekte auf die Fahrräder der Jugend haben. Schaltkonsolen, Fuchsschwänze und Rallyestreifen zeigen deutlich, wie die Designer das Autostyling jener Tage kopieren. All diesem verspielten Treiben setzt die Ölkrise allerdings 1974 enge Grenzen. Der durstige Boxermotor des Käfers und große Spritschlucker geraten zunehmend unter Druck. VW präsentiert daraufhin den Golf mit sparsamem Frontmotor, der Wegbereiter einer völlig neuen Kompaktwagenklasse wird. Ein wichtiger Einschnitt in der Technikgeschichte Deutschlands.

Eng mit der Autoindustrie verknüpft ist das Erstarken der Gewerkschaften. Mitbestimmung, 35-Stunden-Woche und ein arbeitsfreies Wochenende sind in den 70ern die großen Themen der Arbeitnehmervertreter. Schon 1971 kam es in Baden-Württemberg zu einem großen Tarifkonflikt zwischen IG Metall und Arbeitgeberverband – Streiks und Aussperrung inklusive. Die Exportabhängigkeit der deutschen Wirtschaft ist schon damals so legendär wie die Urlaubslust ihrer Arbeitnehmer. Die Deutschen werde Reiseweltmeister und Mallorca das zwölfte Bundesland der BRD.

Und heute? Wie werden künftige Generationen auf die 2010er- und 2020-Jahre zurückblicken? Es ist wieder unruhig: Klimawandel, geopolitische Verwerfungen und drohende Rezession. Und das Fahrrad, das diese Epoche prägen wird, steht auch schon fest: das E-Bike!

SCHAUFF Touring Club

Der Zeitzeuge

 WILDE • REITER 

Als Kind beobachtet Jan Schauff, wie sein Vater den Bonanzarad-Boom mitprägt. Erinnerungen aus erster Hand

Das Oktogon ist etwas in die Jahre gekommen. Jan Schauff (56) steht in dem achteckigen Verkaufsraum an der Kasse und tippt den Betrag für ein Paar Bowdenzüge und Bremsbeläge ein: » Das macht 14,70 Euro, bitte«, sagt er zu dem Kunden und verabschiedet ihn freundlich. Das riesige Fahrradgeschäft im Süden von Remagen war einmal eine europaweit bekannte Renommieradresse. Kein Wunder, denn hier wurden nicht nur Fahrräder verkauft, sondern in der angrenzenden Fabrikhalle mit Gleisanschluss auch massenhaft produziert. »In den 1960er- und 1970er-Jahren sogar bis zu 100.000 Exemplare pro Jahr«, so Schauff junior. Mitte der 2000er-Jahre übernahm er den traditionsreichen Familienbetrieb von Vater Hans, der bereits 1932 seine ersten Rennradrahmen in Köln fertigte. In den 60ern boomte auch bei Schauff die Klappradproduktion, danach stieg die ursprünglich sportlich orientierte Marke ins Bonanzarad-Business ein. Gebaut wurde für die eigene Marke wie auch für

Jan Schauff in seinem Showroom in Remagen mit einem der High-Riser, die seinen Namen tragen. Vater Hans Schauff hatte stets ein gutes Gespür für die Trends der Zeit.

Ein Teil des Schauff-Showrooms ist den Helden und Heldentaten längst vergangener Jahre gewidmet. Neben Bonanzarädern war die Firma auch für Rennräder, MTBs und BMX-Bikes bekannt.

bis zu 32 Abnehmer und Großkunden. Zu denen zählte etwa die Kaufhof-Kette mit dem Hauslabel Elite, unter dem zahlreiche Bonanzarad-Modelle angeboten wurden. Rund 100 Mitarbeiter standen bei der Firma in den Hochzeiten auf der Lohnliste; fast 2.000 Fachhändler wurden beliefert. Vor allem bei neuen Trends wie BMX und Mountainbike war Schauff stets an vorderster Front. Die Firma durchlebte anschließend bis zum Tod des Firmengründers 2016 Höhen und Tiefen.

Ein Vater betritt mit seiner Tochter das Oktogon. Sie starten hier und heute eine Radreise und haben bei Schauff dafür die passenden Räder bestellt. Der Chef nimmt letzte Feineinstellungen an Sattelhöhe und Bremsen vor. Plötzlich entdeckt das Mädchen das rote Bonanzarad, das Jan Schauff in einer Ladenecke mit anderen Museumsfahrrädern ausgestellt hat. »Was ist das denn?«, fragt es, ohne auf die Antwort zu warten, und läuft zu dem Rad. Dann schwingt es sich auf den Bananensattel und grinst breit: »Cool, darauf sitzt man wirklich cool.« Schauff stellt heute keine Massenfahrräder mehr her, sondern hat sich auf Tandems, Mountainbikes, Kompakträder und sogenannte Sumos spezialisiert. Das sind besonders stabile Reiseräder, die gern auf Expeditionen und für Fahrten durch raues Gelände benutzt werden – eher ein Nischengeschäft.

Das war einmal anders. Schauff gehörte zu den Großen der Branche. Schon 1964 importierte das Unternehmen Teile des japanischen Zulieferers Shimano. Besonders in der Radrennszene kam keiner an Schauff vorbei: Eddy Merckx, Rudi Altig, Hennes Junkermann – sie alle ließen ihre Rahmen bei Schauff produzieren. Doch noch wichtiger waren die Auslandsausfuhren. Bis zu 80 Prozent der hergestellten Räder wurden in die ganze Welt exportiert. »Auch die Bonanzas«, erinnert sich Jan Schauff, der in ihrer Blütezeit zwar noch ein kleines Kind war, aber sich gut an zahlreiche Einzelheiten erinnert. Mehr noch: Im Internet hat er sogar ein virtuelles Museum angelegt, um die Details für die Nachwelt zu erhalten. Denn Vater Hans hat über wichtige Ereignisse und einzelne Fahrräder zum Glück akribisch Buch geführt. Dort ist etwa vermerkt, dass Schauff High-Riser auf einer Messe in Persien ausstellte, dort in Kontakt mit afrikanischen Händlern kam und wenig später Bonanzaräder nach Togo exportierte. Als Beleg zieht Jan Schauff eine Postkarte aus einem Leitz-Ordner. Darauf zu

Ein Foto zeigt Hans Schauff mit Rennfahrerlegende Eddy Merckx.

Schauff verkaufte seine Bonanzaräder bis nach Togo. Und warb damit per Postkarte.

sehen ist ein Schwarzafrikaner mit Strohhut, Poncho und grüner Schlaghose. Und natürlich ein Schauff-Bonanzarad, auf dem ein stolzer Togolese posiert. »Diese Räder wurden noch bei uns auf dem Hof in Ölpapier eingeschlagen, damit sie auf der langen Seereise nicht rosten«, erklärt Jan Schauff. Nur eine von vielen Storys, die sein Vater schriftlich für die Nachwelt konserviert hat. Diese und viele andere Anekdoten stammen aus einer fernen Zeit; aus einer, in der Chefs noch Patriarchen waren und Geschäfte per Handschlag besiegelt wurden.

Erneut öffnet sich die Tür des Oktogons. Dieses Mal ist es ein Mitarbeiter von Jan Schauff, der den Laden betritt. Im Gepäck hat er ein ziemlich mitgenommenes Klapprad. Es trägt eine kupferfarbene Lackierung und den Schauff-Schriftzug. Der Chef beugt sich nach unten, mustert Hinterradnabe, Bremsen und Zustand. »Hmm, interessant«, sagt er. »Wahrscheinlich frühe 70er.« Wann immer möglich, kauft Jan Schauff alte Räder zurück und pflegt so das Firmenerbe. Im Laden ist kaum noch Platz. Auf einer Ausstellungsfläche, an der Wand und bis unter die hohe Decke stehen und hängen Schauff-Museumsräder aller Art: Renntandems mit einem Kettenblatt so groß wie eine Familienpizza XXL etwa oder BMX-Bikes mit Beiwagen oder skurril konstruierte Mountainbikes. Und natürlich Bonanzaräder. »Ich selbst bin die eigentlich nie gefahren«, gesteht Jan Schauff. »Die waren mir dann doch zu unbequem und langsam. Ich bin eher der Rennradtyp.«

Immer wieder wird er über die Jahre nach Ersatzteilen, besonders nach Rahmenaufklebern gefragt. Das habe dann auch den Ausschlag dafür gegeben, möglichst viele Fotos und Details von Schauff-Modellen online zu stellen. Erst waren die Mountainbikes dran, es folgten BMX- und schließlich Bonanzaräder. Jan Schauff blättert durch einen weiteren Leitz-Ordner und findet ein Schwarz-Weiß-Foto aus den 60ern. »Das Ding nannten wir Mondfähre«, sagt er. Zu sehen ist ein Bonanzarad-Prototyp mit einem abenteuerlich geschwungenen Oberrohr. Space-Age pur, ein Showfahrrad für die Internationale Fahrrad- und Motorradausstellung 1966 in Köln. Kein Zweifel: Hans Schauff gehörte seinerzeit zu den innovativen und experimentierfreudigen Fahrradkonstrukteuren, die auch vor sehr gewagten Entwürfen nicht zurückschreckten. Und origineller Geschäftsmann war er zusätzlich. Ein Beispiel: Die große Ölfirma Castrol belieferte Schauff mit Kugellagerfett, das bei der Massenfertigung durchaus kein kleiner Kostenfaktor war. Also einigte sich der gewiefte Hans Schauff mit den Castrol-Oberen auf einen besonderen Deal. Im Gegenzug zu den Fettlieferungen klebte er den legendären GTX-Schriftzug von Castrol auf die Bonanzaräder. Diese wurden daraufhin sogar zu einer Art Markenzeichen der Schauff-High-Riser-Flotte.

Es ist Abend geworden. Im Oktogon brennt jetzt Licht. Kunden kommen keine mehr. Endlich Ruhe für noch mehr Firmenhistorie. Die hat Jan Schauff an diesem Tag eigentlich nur oberflächlich angekratzt. Fakt ist: Schauff gehört neben Kynast,

Die Mondfähre war in erster Linie ein Showbike und schaffte es nicht in die Serienproduktion.

HANS SCHAUFF
FAHRRADFABRIK
5480 REMAGEN

Kettler und ein paar anderen zu den Treibern der Bonanzarad-Welle, die Deutschland Anfang der 70er überrollte. Ein kleiner Teil davon hat hier in Remagen am Rhein seinen Ursprung. Hier sind sie noch zu finden, die Fragmente einer grandiosen Modeerscheinung, die prägenden Charakter für die Jugendkultur hatte. Beim Weg zum Parkplatz durch die feuchte Abendluft legt sich ein zarter Hauch von Melancholie auf die Szenerie. Das Oktogon-Verkaufsgebäude und die angrenzende Fabrikhalle sind aus der Entfernung nur noch als Umrisse auszumachen. Ganz so wie die goldenen Zeiten des High-Risers. Als die hereinbrechende Dunkelheit langsam die Architektur verschlingt, verblasst auch die konkrete Erinnerung an das Bonanzarad und wird zum romantisch verklärten Mythos.

HIGHRISER 72 GTX

New designed frame with built-in luggage carrier for school map. Redline tires 20 × 1.75 and 20 × 2.125 studded. Motorcycle fork with imitated suspension. Sure stop drum brake in front. Caliper brake rear. Large luxury saddle. Aluminium polished fenders. With Sachs 415 or Sturmey Archer AW 3 gear hubs or single speed coasterbrake.

Features: Huge big alloy spoke protectors on both sides of the rear wheel (registered SCHAUFF design)

Chainguard like a motorbike silencer

Numberplate at tail of rear fender

Built-in kickstand

Wide range of enamel and metallic colours.

HANS SCHAUFF

Der Ball muss mit zum Bolzplatz! Für die Pille war eine Ablage unter dem Bananensattel vorgesehen.

Die frühen Schauff-High-Riser waren mit einer Schaltkonsole samt Gummibalg ausgestattet – wie im Auto.

TRIAL AND ERROR: WICHTIGE SCHAUFF-HIGH-RISER

Gewellter Bananensattel, Sissybar mit Polster, abgedecktes Hinterrad – dieses Modell ließ keine Extravaganz aus.

Easy Rider lässt grüßen. Der Film inspirierte Hans Schauff zu diesem Chopper mit Bullhorn-Lenker.

Das 16-Zoll-Vorderrad mit Trommelbremse kopierte das Krate von Schwinn. Schauff produzierte das Rad für die Firma Mars.

Ein früher Motocross-Entwurf mit gefedertem Hinterbau und verstärktem Lenker.

Sitzbank und Federung sollten Fans des Motocross-Sports ansprechen.

Hier experimentierte Schauff mit einem auffälligen Hinterbau und kombinierte das 16-Zoll-Vorderrad mit einer Telegabel.

Die Bonanzarad DNA

Vier Teile, die das Bike zur Ikone machen

Was macht das Bonanzarad aus? Klar, der Rahmen mit seinem markanten Doppeloberrohr und die vielen Chromteile. Noch prägender sind aber vier Komponenten, die ihm seine unverkennbare Stilistik verleihen: zweiteiliger Geweihlenker, Schaltkonsole, Trommelbremse im Vorderrad und natürlich der Bananensattel mit Sissybar. Diese Teile transferieren den verruchten Charme von Chopper-Motorrädern in die Welt der Jugend. Ein technischer Blick auf die Details.

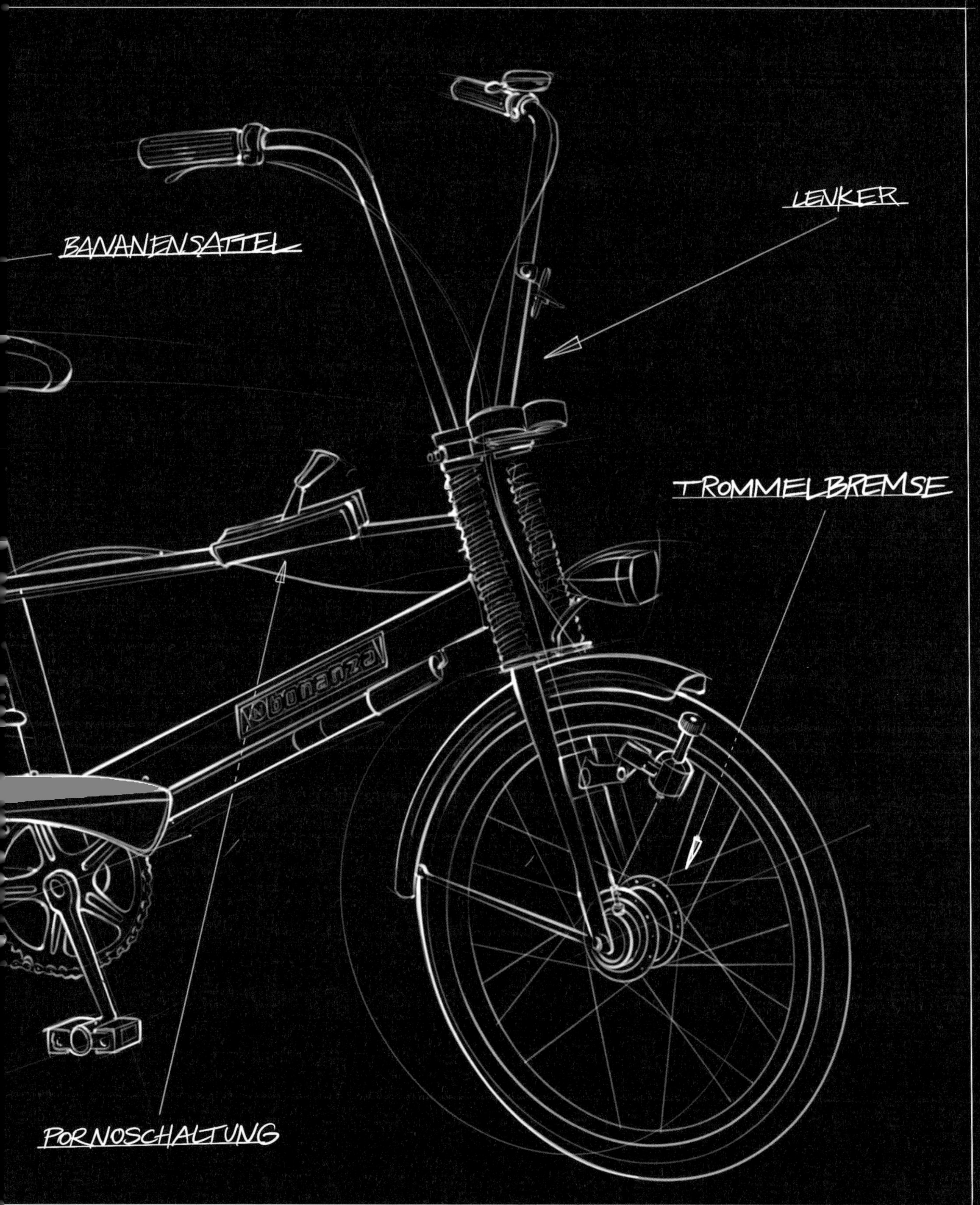
LENKER
BANANENSATTEL
TROMMELBREMSE
bonanza
PORNOSCHALTUNG

Der Lenker

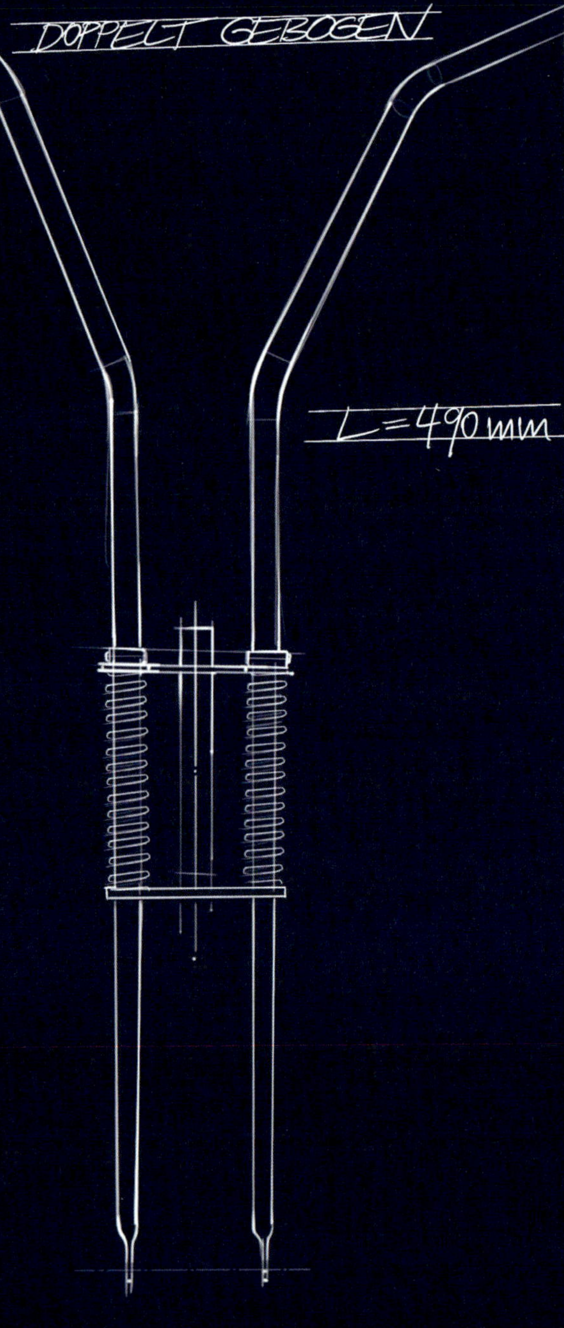

Nomen est omen: Es war der Lenker, der dem High-Riser-Fahrrad seinen Namen gab. Die US-Kids hatten Anfang der 60er nur eines im Sinn – höher, höher, höher. Doch die Ami-Fahrräder blieben stets bei ihren einteiligen Hochlenkern, die konventionell an einem normalen Vorbau verschraubt waren. Anders die deutschen Bonanzaräder. Bei ihnen wachsen zwei doppelt gekrümmte Lenkstangen aus einer imitierten Teleskopgabel mit Zierfedern. Mehr Fake-Technik geht kaum. Funktional sind nur die kräftigen, verzinkten Klemmschellen. Sie fixieren mittels Gewindebolzen die Lenkstangen in den Gabelrohren.

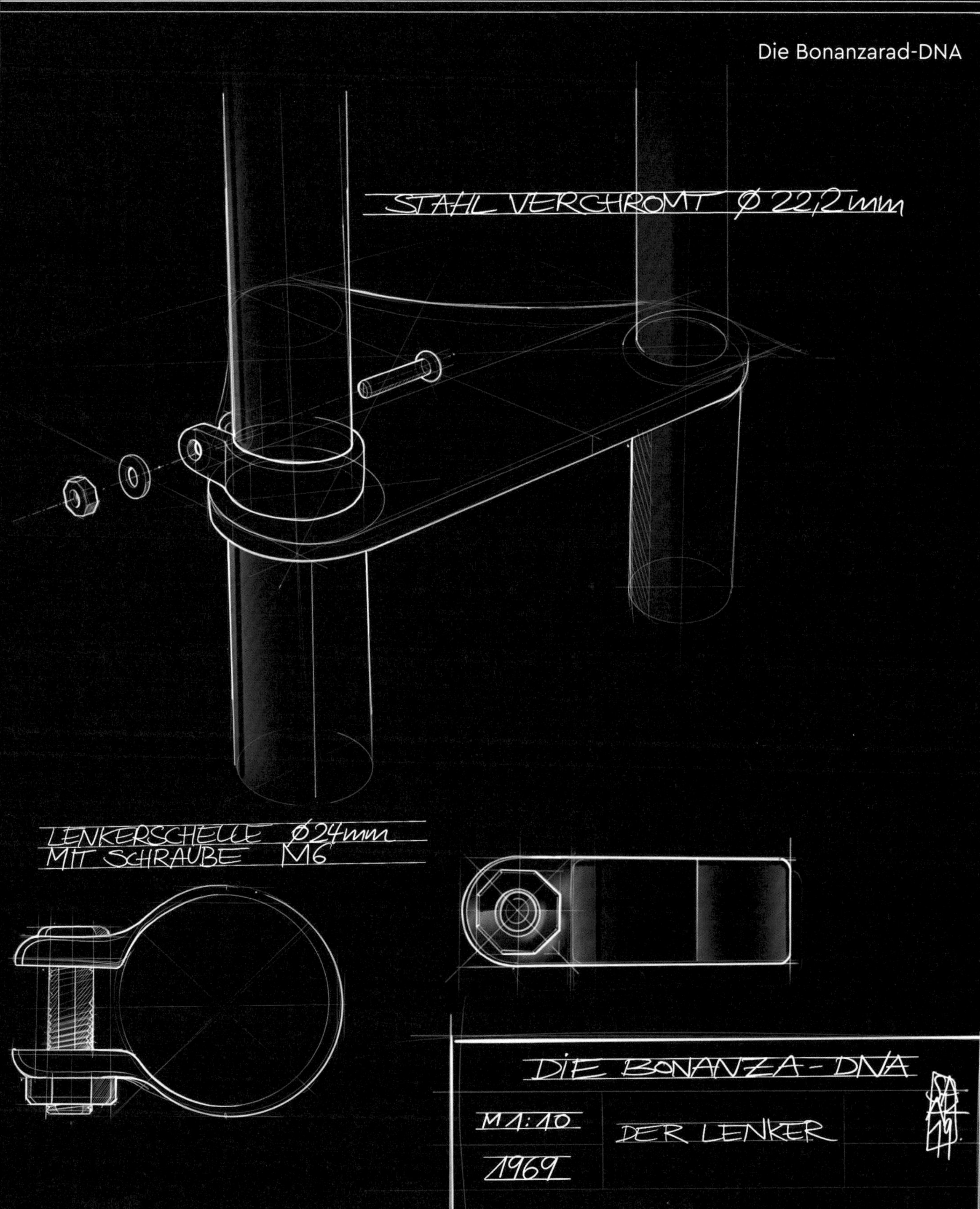
STAHL VERCHROMT Ø 22,2 mm
LENKERSCHELLE Ø 24 mm
MIT SCHRAUBE M6
DIE BONANZA-DNA
M 1:10
DER LENKER
1969

HOCHGLANZ VERCHROMTER KUNSTSTOFF
WAHLWEISE NUSSVERTÄFELUNG

Die Pornoschaltung

Aua, über nichts wird so gern Witze gemacht wie über den phallusartigen Schaltknüppel, der dominant auf dem Oberrohr thront. Bei Stürzen soll er nicht selten zum schmerzhaften Kontakt mit Körperweichteilen geführt haben. Pubertierende Jungs entführte die Formgebung in Fantasiewelten aller Art. Mechanisch sattes Klacken und haptisch präzise definierte Schaltpunkte zaubern das Gefühl herbei, den Automatik-Shifter eines US-Musclecars durch die Kulisse zu schieben. Geliefert wurden die Bauteile meist von Sachs, manchmal von Sturmey Archer oder Shimano.

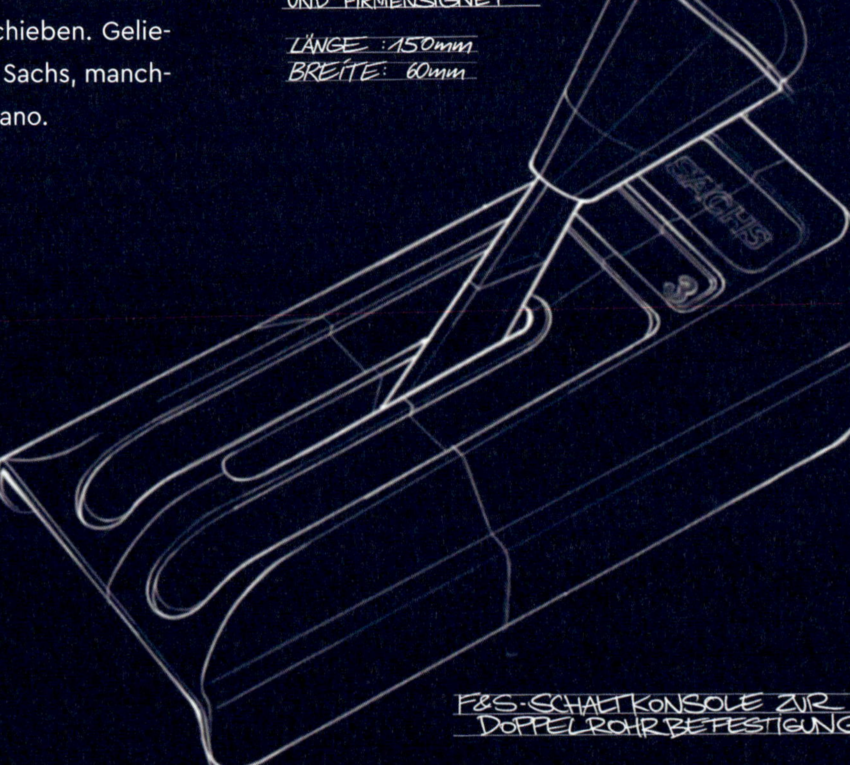

GANGANZEIGE AUF BEWEGLICHER
TAFEL, FARBIGE ZIFFERN

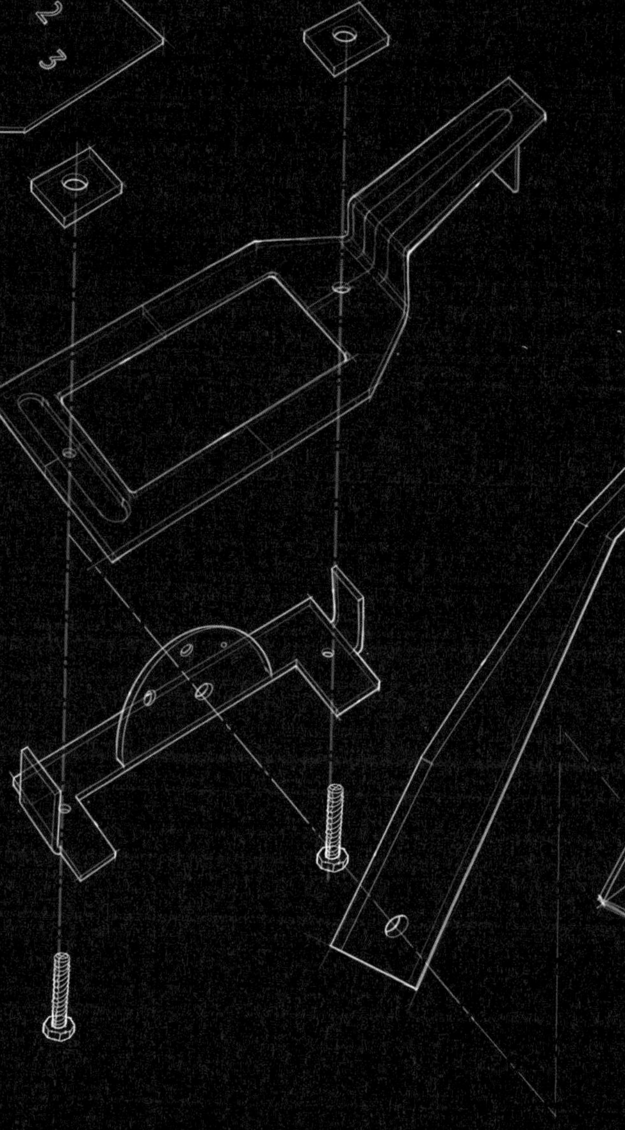

STAHLBLECH VERJÜNGT
STÄRKE 3mm

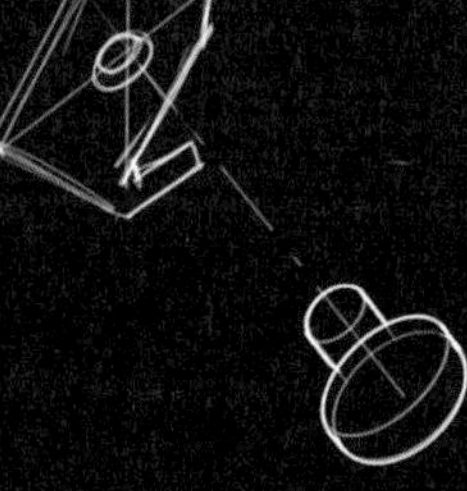

DIE BONANZA-DNA

M 1:10

1969

SCHALTKONSOLE

Die Trommelbremse

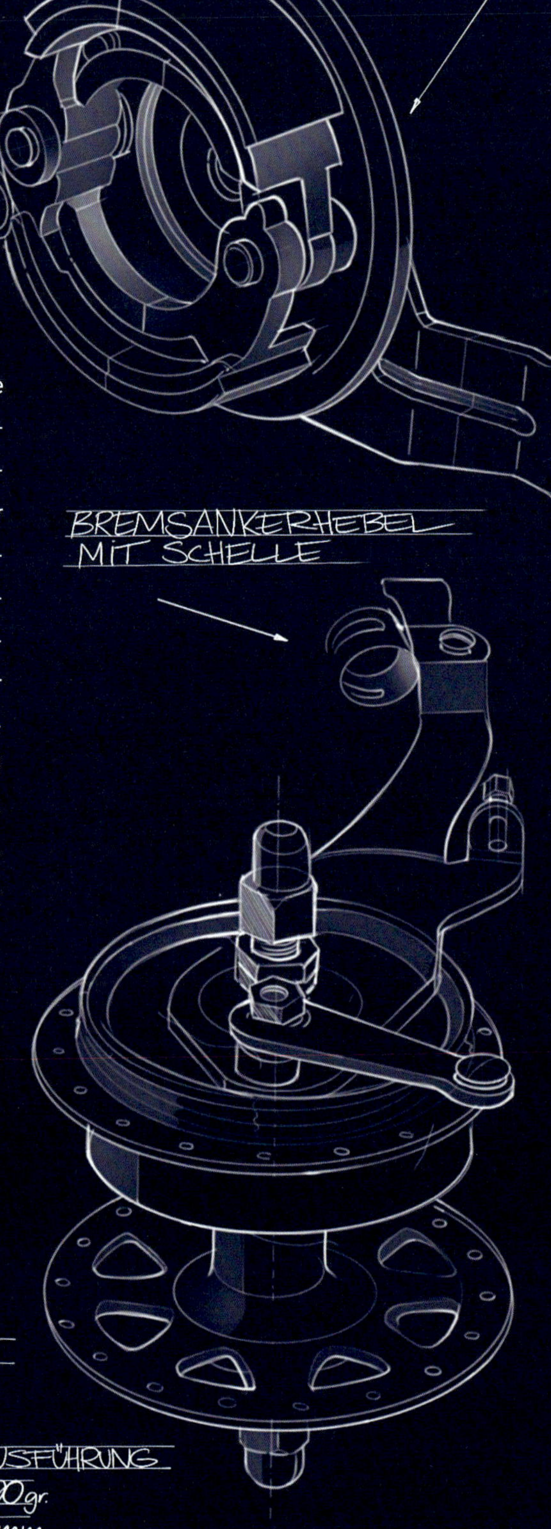

Mal so richtig auf die Trommel hauen. Durch die massige Innenbackenbremse im kleinen 20-Zoll-Vorderrad wirkt das Bonanzarad gleich viel ernsthafter. Auch dieses Teil wird vom Bauprinzip der Motorräder jener Zeit übernommen. Statt filigraner Zangenbremsen, die bei Regen schlecht verzögern, bringt die geschlossene und damit wetterunempfindliche Konstruktion dem Bonanza-Rider tatsächlich einen echten Vorteil: kräftige Verzögerung. Hauptlieferant war auch hier Fichtel und Sachs. Daneben bauten Sturmey Archer oder italienische Zulieferer Trommelbremsen für Bonanzaräder. Es gab sie in Alu- und Stahlausführung, mit durchgehendem Trommelkörper oder in asymmetrischer Ausführung.

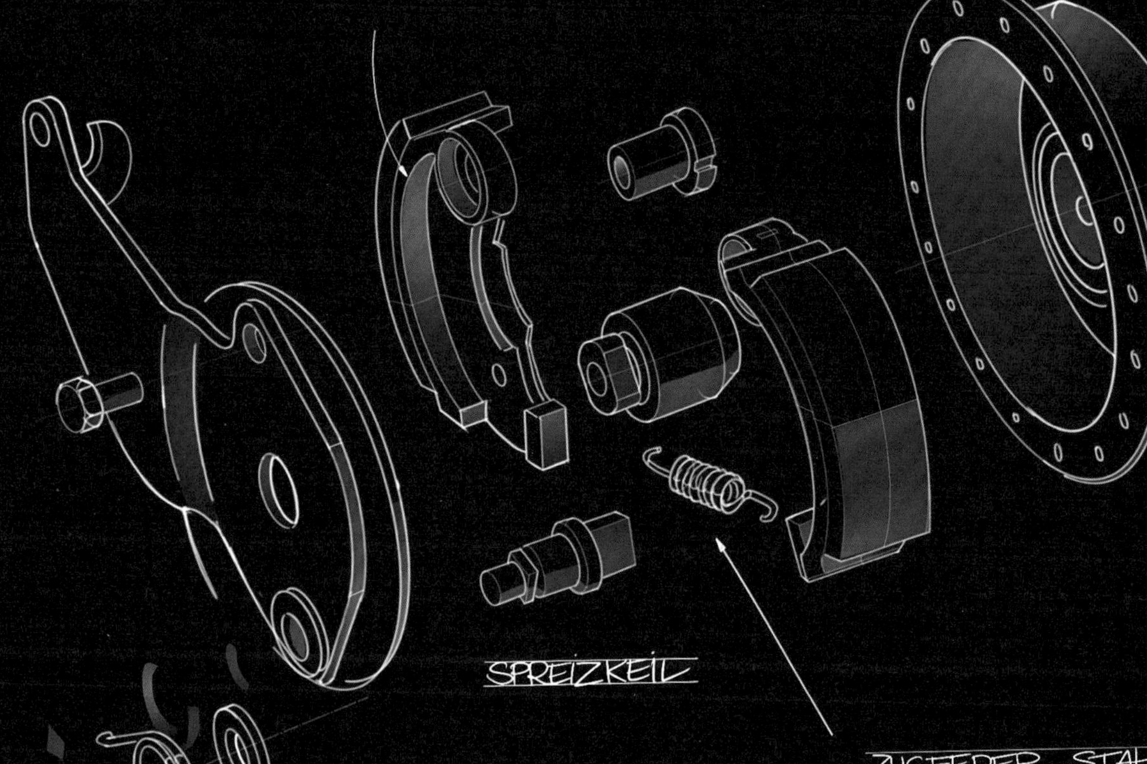

DIE BONANZA-DNA

M 1:10	TROMMELBREMSE
1969	

Der Bananensattel

Bitte setzen! Nichts prägt das Bonanzarad so sehr wie der Bananensattel mit der angeflanschten Sissybar. Die Sitzbank ist so bedeutend, dass Bonanzabikes auch Bananenräder genannt werden. Ursprünglich als Polositz bekannt, gibt es sie in vielerlei Formen und Farben: gepolstert, mit Verzierungen, gesteppt, abgewinkelt oder mit Motocross-Schriftzug. Gemein ist allen Bananensätteln ein Unterbau aus Blech, eine vordere Aufnahme für die Sattelkerze und hinten zwei Bohrungen zur Sissybar-Befestigung. Den Rückenbügel gibt's in zahlreichen Längen und auf Wunsch mit Polster. Nicht serienmäßig: der Fuchsschwanz.

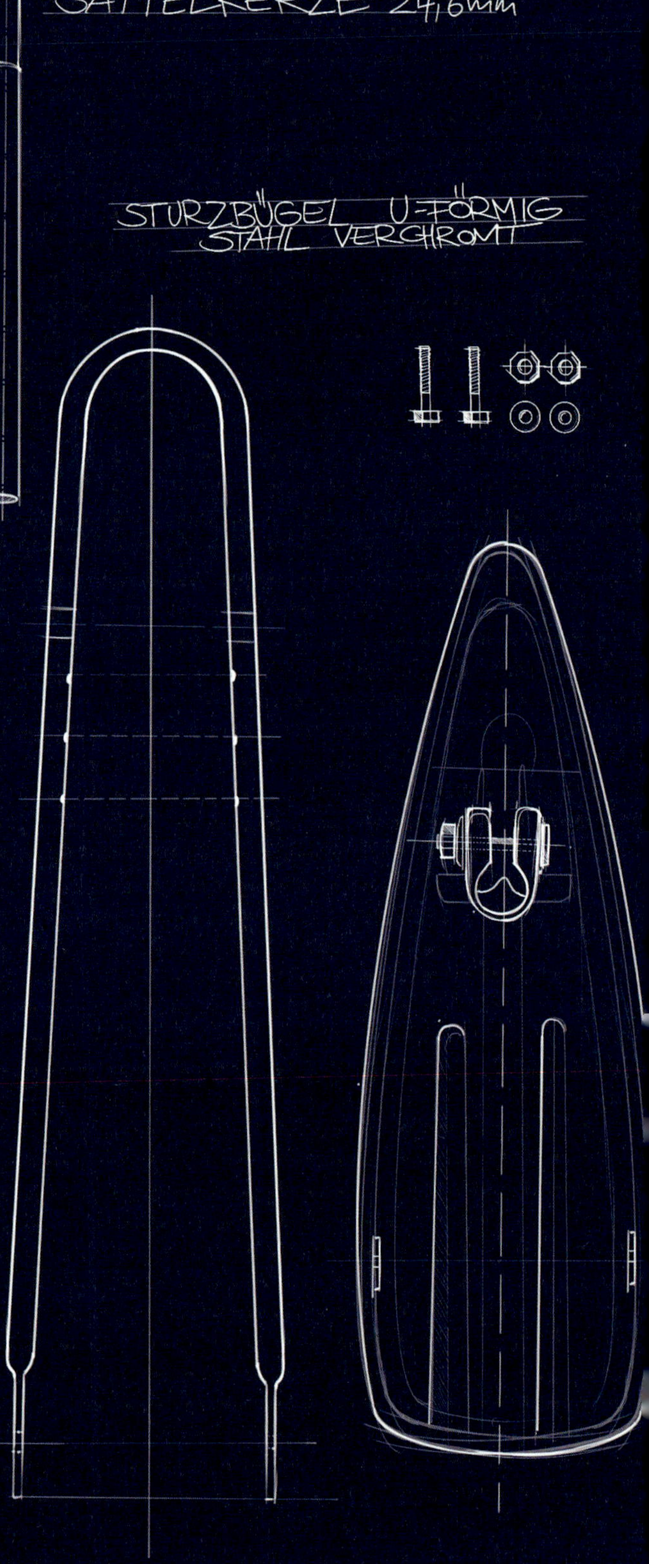

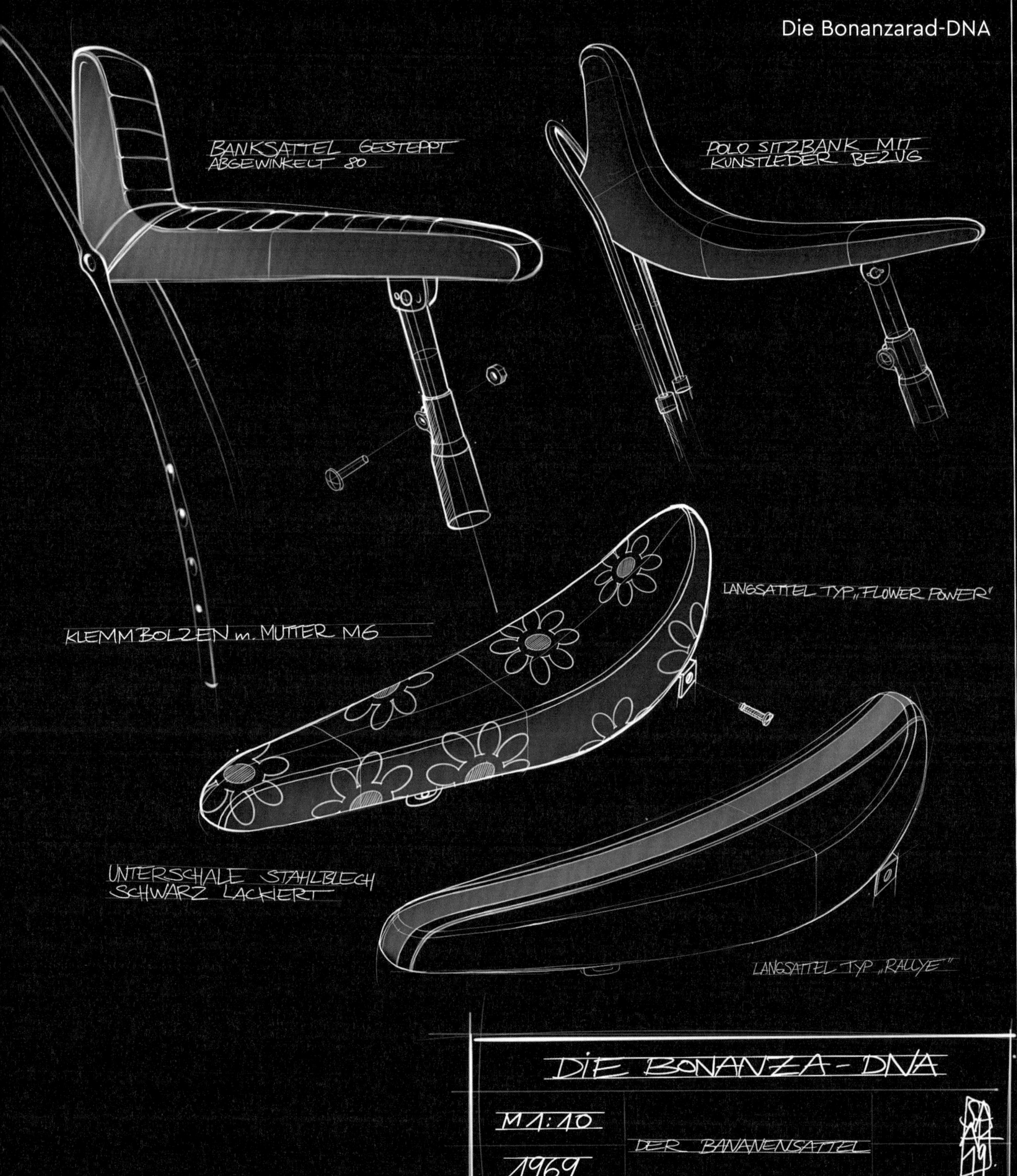
BANKSATTEL GESTEPPT
ABGEWINKELT 80
POLO SITZBANK MIT
KUNSTLEDER BEZUG
LANGSATTEL TYP „FLOWER POWER“
KLEMMBOLZEN m. MUTTER M6
UNTERSCHALE STAHLBLECH
SCHWARZ LACKIERT
LANGSATTEL TYP „RALLYE“
DIE BONANZA-DNA
M 1:10
1969
DER BANANENSATTEL

SCHROTT WIRD FLOTT

Tipps und Tricks zur Restaurierung eines Bonanzarads

Eine gut sortierte Werkstatt wie die von Fahrradexperte Peter ist sehr hilfreich bei der Bonanzarad-Instandsetzung. Aber es geht auch mit weniger Ausstattung. Ein größerer Werkzeugkoffer reicht.

Hurra, ein Scheunenfund! Und jetzt? Ärmel hoch, Werkzeug her und los. Mit dieser Anleitung wird (fast) jedes Bonanza-Dornröschen wieder zur strahlenden Schönheit.

Zugegeben, nicht jeder hat so eine perfekt ausgestattete Hobbwerkstatt wie Peter. Alles da. Sogar Spezialwerkzeug zum Gewindenachschneiden. Gut, wer Peter zum Freund hat. Er schraubt zur Entspannung, zum Runterkommen, zur Rettung scheinbar hoffnungsloser Fälle. Oft kriegt er es mit einfachen Alltagsrädern zu tun, am liebsten sind ihm jedoch historische Rennmaschinen und seltene BMX-Bikes. Heute landet aber ein ganz besonderer Patient an seiner Werkbank. Name: Domina. Geburtsdatum: 1973. Das typisch orangefarbene Bonanzarad hat schon bessere Tage gesehen: eingestaubt, stark angerostet, der Bananensattel in Fetzen – eigentlich ein Fall für den Schrott. »Um Himmels willen«, sagt Peter. »Bonanzaräder sind extrem selten geworden. Die muss man erhalten.«

Aufwachen, Dornröschen: Hobbyschrauber Peter sieht auf den ersten Blick, dass der Bananensattel nicht zu retten ist. Gleich mal seine Maße nehmen und Ersatz bestellen. Es wird das einzige Neuteil bleiben.

Gesagt, getan! Peter wird zum Prinzen, der Dornröschen erweckt, und nimmt sich der heruntergekommenen Domina an. Er wird sie retten. Nein, nicht mit einer aufwendigen Komplettrestaurierung und teuren Neuteilen. Sein Ziel ist es, möglichst viele der Originalkomponenten zu erhalten, aufzuarbeiten und überholt wieder zu verbauen. Das hält nicht nur die Kosten niedrig, sondern bewahrt dem Bonanzarad seine Patina, die es über die vergangenen Jahrzehnte angesammelt hat. Dafür braucht es auch keinen begnadeten Schrauber wie Peter, sondern so eine Grundinstandsetzung schafft jeder mit einem gut sortierten Werkzeugkoffer und etwas handwerklichem Geschick.

Aber wo findet man so ein Reparaturobjekt? Dornröschen gibt es schließlich nur im Märchen. Stimmt und stimmt nicht. So manches vergessene Bonanzarad schlummert tatsächlich noch auf verstaubten Dachböden, in feuchten Kellern oder beim Bauern unter Stroh in der Scheune. So ähnlich erging es zumindest dieser Domina. Traurig stand sie mit allerlei Zeug in der hintersten Ecke einer Garage. Niemand kümmerte sich um sie. Bis jetzt.

PETER, LEG LOS.

Bevor es losgeht, alle Werkzeuge und Hilfsmittel für das Projekt parat legen.

1. Vorbereiten

Bevor es richtig zur Sache geht, ist es wie beim Kochen: Zutaten besorgen. Habe ich das richtige Werkzeug zur Hand? Nötig ist ein Satz Ring- und Maulschlüssel der Größen 8 bis 17; wer Steuer- und Tretlager lösen will, braucht zusätzlich einen 32er. Außerdem empfehlen sich verschiedene Zangen, Seitenschneider, Hammer und Schraubendreher. Ganz wichtig: Drahtbürste, Rostlöserspray, Reiniger, Fett, Nähmaschinenöl und Chrompolitur. Selbstverständlich sollten auch Reifenheber und eine Luftpumpe nicht fehlen.

Kriechöl und Chrompolitur sind für Bonanza-Schrauber unverzichtbar.

2. Demontage

Halt! Schrauben und Muttern keinesfalls mit viel Kraft oder gar Gewalt lösen. Vorher alle Demontagebereiche mit Rostlöser oder Kriechöl einsprühen. Hartnäckige Fälle längerfristig und wiederholt behandeln. Dann lösen sich auch stark korrodierte Verbindungen. Peter hat Glück: Sattelstütze und Sissybar lassen sich ohne Schwierigkeiten demontieren. Gleiches gilt fürs Hinterrad. Vor dem Losdrehen der Radmuttern mit einem 15er Schlüssel sollte der Schaltzug abgeschraubt werden. Sitzen Schaltkettchen und Hülsenmutter scheinbar untrennbar fest, vorsichtig mit Kombi- und Spitzzange Schraubverbindung trennen. Anschließend Bremshebel an der Bandage der Kettenstrebe

Ein Satz Gabelringschlüssel ist für die Demontage und den Zusammenbau unerlässlich. Eine Drahtbüste aus Messing wirkt Wunder gegen Flugrost.

Der defekte Bananensattel löst sich spielerisch (oben). Bei festgerosteten Verbindungen hilft Kriechöl. Die Verschraubung der Sissybar löst Peter mit einem 8er Ringschlüssel (rechts). Danach kann alles gereinigt werden.

Das Hinterrad wird mithilfe eines 15er Schraubenschlüssels auf beiden Achsseiten gelöst.

Chromteile wie den Kettenschutz besonders vorsichtig behandeln.

Vor dem Herausnehmen des Rades das Schaltkettchen an der hohlen Leitmutter vom Schaltzug trennen.

abschrauben und das Hinterrad aus den Ausfallenden nehmen. Wichtig: Nach vielen Jahren ist die Kette meistens zu stark verrostet, um störungsfrei zu laufen. Besser eine neue kaufen. Für Nabenschaltungen kostet sie in guter Qualität oft unter zehn Euro. Soll sie gerettet werden, hat Peter einen Geheimtipp: Kette am Kettenschloss öffnen, mit einer Drahtbürste von grobem Schmutz befreien und dann über Nacht in Dieselkraftstoff einlegen; danach einölen. Zum Schluss der Demontage den Kettenschutz und die Schutzbleche vorsichtig losschrauben, bei Bedarf auch die Lenkerrohre.

Anschließend das Rad aus den Ausfallenden ziehen. Kette vom Ritzel entfernen und das Hinterrad entnehmen.

Auch die Elektrik der betagten Beleuchtungsanlage sollte kontrolliert und bei Bedarf erneuert werden.

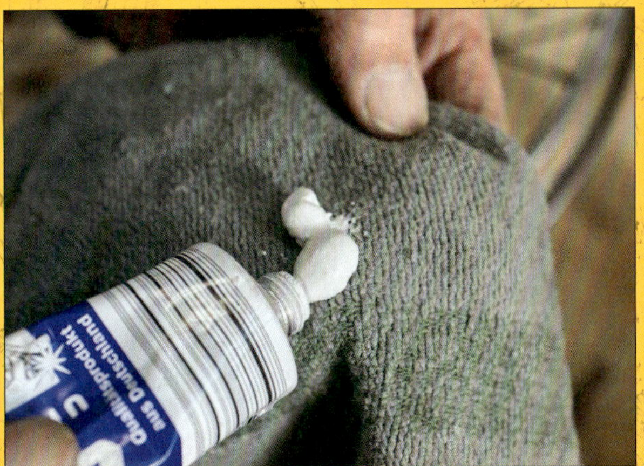

Chrompolitur und ein sauberer Putzlappen bringen das Altmetall wieder zum Strahlen.

Kettenblatt und Kurbelarme sind meist stark verdreckt, der Chrom von Rost befallen. Da heißt es putzen!

3. Aufbereiten

Die Chromteile sind besonders wertvoll. Ein Ersatz ist kaum zu bekommen, meist ist er teuer oder von schlechter Qualität. Darum lohnt es sich, diese Teile mit Stahlwolle zu säubern und anschließend mit Chrompolitur auf Hochglanz zu bringen. Auch die Zierfedern der Gabel und der Frontscheinwerfer können auf diese Weise behandelt werden. Verchromungen waren in den 70er-Jahren meist von hoher Güte. Wer gut poliert, hat Spaß, und der Glanz kehrt zurück. So gut, dass die Teile wie neu wirken und im Licht blitzen und blinken. Das gilt auch für die Kurbelarme und das Kettenblatt. Beim Polieren der Kurbeln spürt man auch, ob das Tretlager Spiel hat. Ist das der Fall, muss der Keil am linken Kurbelarm ausgetrieben werden. Danach lässt er sich abnehmen und der Tretlagerkonus kann nachgestellt werden. Besser noch das Tretlager zerlegen, das Lager und die Kugelringe säubern, neu fetten und wieder einbauen. Dann ist für viele Jahre Ruhe.

Kettenschutz direkt nach der Demontage: Das Chrom ist blass, verschmutzt und trägt Flugrostpickel.

Nach der Behandlung mit feiner Stahlwolle und Chrompolitur glänzt das Schmuckstück wie neu.

Straßendreck setzt dem Ritzel zu. Die Messingbürste befreit es von groben Verschmutzungen.

Das Rahmenfragment mit Reinigungsschaum oder Seifenlauge behandeln. Anschließend bringt Peter den stumpfen Lack mit einem Tuch zum Glänzen. Bei hartnäckigen Verschmutzungen die Prozedur wiederholen und mit Lackreiniger nachhelfen. Besonders die Decals auf den Rohren verdienen schonende Behandlung. Sonst lösen sich die wert-

Peter rückt dem Rad mit Reinigungsschaum auf den Lack (oben). Nach dem Einwirken abwischen und Politur zum Glänzen bringen. Im Bereich der Decals nicht zu intensiv polieren, sonst leiden die wertvollen Aufkleber (unten). Auch bei den verchromten Stahlfelgen wirkt eine Politur Wunder (rechts).

vollen Aufkleber oder bekommen Kratzer. In der Regel haben sich am Antriebsritzel starke Schmutzpartikel an den Zähnen festgebissen. Diese mit einer Messingbürste entfernen. Bei der Gelegenheit prüfen, ob die Nabe leichtgängig und ohne Knirschen läuft. Peter hört nur das charakteristische Klicken der Sachs-Torpedo-Drei-Gang-Schaltung und nickt zufrieden. Er muss die Nabe nicht öffnen. Falls sie ungewöhnliche Geräusche macht, sollte das Innenleben überholt werden. Das ist eine Sache für den Fachmann. Was aber jeder kann: Felge und Speichen putzen. Auch hier kommt wieder die Chrompolitur zum Einsatz. Wie bei den Blechteilen stellt sich auf den verchromten Stahlfelgen schon nach kurzer Zeit ein schöner Tiefenglanz ein.

4. Zusammenbau

Auseinanderbauen ist das eine. Alles wieder richtig zusammenfügen das andere. Bleibt am Ende hier die berühmte Schraube über, von der niemand weiß, wo sie hingehört? Nicht bei Peter. Routiniert greift er sich ein überholtes Teil nach dem anderen und montiert es an seinem richtigen Platz.

Vorderrad wieder rein in die Gabel. Die Alutrommelbremse hat Peter nur abgewischt statt poliert.

Vor dem Auflegen der Kette das Tretlagerspiel kontrollieren und nötigenfalls nachziehen.

Die vordere Trommelbremse muss richtig herum sitzen, nämlich dort, wo der Zug zum Bremshebel führt. Vorher das Schutzblech einbauen nicht vergessen. Die Kette erst vorn auflegen, dann hinten, erst danach das Hinterrad mit der richtigen Kettenspannung mittig festschrauben. Anschließend den Schaltzug locker aufs Kettchen drehen.

Vorsichtig den polierten Kettenschutz verschrauben, ohne ihn zu verbiegen.

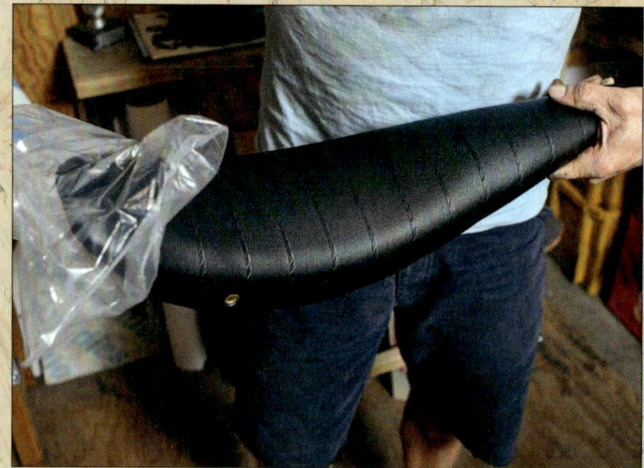

Der neue Bananensattel kostet rund 40 Euro.

Peter kommt gut voran. Fehlt noch der blitzende Kettenschutz. Hier hantiert er besonders vorsichtig. Schließlich verbiegt sich das Teil schnell. Ganz zum Schluss widmet sich der Bonanzarad-Retter dem einzigen Neuteil. Der schwarze Bananensattel kommt jungfräulich aus einer Plastikfolie, kriegt dann den mitgelieferten Sattelkloben ver-

Auf seiner Unterseite wird der Kloben für die Stütze verschraubt.

Ausrichtung und gute Befestigung der Sissybar sind wichtig, da sie den hinteren Teil des Sattels aufnimmt.

passt und wird mit Sattelstütze und Sissybar verbunden. Fertig!
»Nein, halt«, ruft Peter. »War da nicht ein Gepäckträger dran?«. Stimmt, fast vergessen. Der kleine Rucksack aus Draht wandert mit zwei Schräubchen ans Heck.

Und als krönenden Abschluss bekommt die jugendlich strahlende Domina noch einen Fuchsschwanz verpasst – das i-Tüpfelchen für jedes Bonanzarad.

Den kleinen Gepäckträger haben nicht viele Bonanzaräder. Er diente einst zum Transport des Schulranzens.

Voilà, fast geschafft. Als i-Tüpfelchen gönnt Peter der überholten Domina einen passenden Fuchsschwanz.

Erwacht aus dem Dornröschenschlaf: Dieses Bonanzarad ist wieder fit für Ausritte aller Art. Oder ein echter Hingucker im Wohnzimmer.

fRee styLin
wethepeople
chase
VANS OFF THE WALL
FUCHSBMXSHOP.DE
IRC TIRE
FAT JAM #20
Heineken
METAL

BONANZA

Der Schatzfinder

WILDE • REITER

Wolfgang Suck entdeckt zwei Bonanzas in der Garage. Und macht sich an die Arbeit

Wolfgang Suck (71) ist das, was man einen Hamburger Jung nennt. Einer, der immer für einen Schnack zu haben ist. Der gern Geschichten erzählt. Und gern auch einmal etwas auf sympathische Art dramatisiert. Wenn Sucki, so sein Spitzname, erst einmal Fahrt aufnimmt, ist er wie ein Öltanker. Dann ist er kaum noch zu stoppen. Dann dehnt er typisch norddeutsch Silben schon mal mächtig in die Länge und wirkt mit seiner Mütze wie ein Hafenarbeiter, der Touristen an den Landungsbrücken auf Rundfahrtbarkassen lotst. Zwar lebt er heute in der kleinen Kreisstadt Bad Segeberg, doch Hamburg hat ihn nie losgelassen. Regelmäßig fährt er in die Hansestadt und pflegt Bekanntschaften. Sucki hat immer etwas um die Ohren.

So war das schon immer. Auch vor 50 Jahren. Sucki ist in seinen wilden 20ern und macht die Straßen unsicher. Fürs Bonanzarad ist er da schon zu alt. Viel lieber düst er mit einem Fiat 500 Nuovo durch die Gegend; danach in einem Autobianchi A112. »Mann, was war das für eine kleine Rakete. Und immer kaputt«, lacht er. Nach Abschluss der Schule lernt er Elektriker und wird Hausgerätemechaniker. Danach holt ihn die Bundeswehr. Sein Vater arbeitet im Hafen als Tallymann. Tallymänner stehen an der Kaimauer und überwachen, was die Stückgutfrachter laden und löschen. »Nach der Schicht hat

Wenn der Hengst durchgeht: Sucki ist für jeden Spaß zu haben. Sein Bonanzarad stammt nicht nur aus der ersten Serie von 1970, sondern er ist auch der stolze Erstbesitzer.

Aufgewacht: Viele Jahrzehnte schlummerten die beiden Räder den Dornröschenschlaf hinter einem Garagentor. Dann entdeckte sie Sucki wieder. Und machte sich an die Arbeit.

er immer irgendwas aus dem Hafen mitgebracht«, sagt Sucki. Und das sollte sich fortsetzen, nachdem Suckis Papa in den Job als Neckermann-Ausfahrer gewechselt war. »Morgens übernahm er stets einen vollgeladenen Mercedes 407 Kastenwagen und belieferte die Neckermann-Kunden, die etwas aus dem Katalog bestellt hatten.« Irgendwann steht er abends mit einem orangefarbenen Bonanzarad vor der Tür. Er erinnert sich nicht mehr genau, wo sein Vater das Rad eigentlich genau herbekommen hatte: »Vielleicht eine Retoure. Eine Fehllieferung. Oder von der Laderampe gefallen«, Sucki grinst schelmisch. »Es war halt plötzlich da.«

Und ist geblieben. 1972 zieht die Familie weg aus Hamburg. Das Bonanzarad kommt mit, wird aber in der Garage an den Haken gehängt. Und dort hängt und hängt und hängt es ... Es ist das erste Neckermann-Bonanzarad der Serie 1 aus dem Jahr 1970. Die Sissybar verläuft nicht gerade, sondern hat dieses eigenartige Winkelmaß, dass nur die ganz frühen Bonanzas kennzeichnet. Dazu kommt die seltene Schaltkonsole Console Shift mit Wölbung für die Ganganzeige. Ganz offenbar ein US-Vorläufer der späteren Sachs-Konsole. Suckis Bonanza-Exemplar verfügt zudem über die 415-Torpedo-Nabe mit Freilauf; auch die ist eher rar. Noch mehr gilt das für den originalen Hinterreifen in der Dimension 20 × 2,215. Er trägt die Aufschrift Paragon Stud und als Lauffläche ein abgeflachtes Rautenmuster.

Und nicht nur das: In Suckis Garage steht noch ein zweites Neckermann-Bonanza – eines, das Neckermann-Lieferant Kynast seinerzeit mit runden Rohren produzierte. Da steckt noch Arbeit drin. Aber auch dieses Exemplar präsentiert sich ausgesprochen originalgetreu – bis hin zu dem in die Speichen geklemmten Werbematerial mit der Aufschrift Hosbyhaus und dem Hinterreifen vom Typ Schwalbe Knobby mit dem roten Ring auf der Reifenflanke. »Auch dieses Ding brachte mein Vater irgendwann von der Schicht mit nach Hause«, erzählt Sucki. Kein Zweifel: Seine beiden Bonanzas präsentieren sich in einzigartigem Originalzustand. Es sind ja schließlich Räder aus erster Hand. Davon dürfte es heute nicht mehr viele geben.

Rund zwei Jahre lang hat er das Serie-1-Modell akribisch hergerichtet und die Teile aufgearbeitet. Die vielen Jahre in der Garage hat das Rad natürlich nicht schadlos überstanden. Im Gegenteil: Feuchte norddeutsche Luft nagte so lange an den Chromteilen, bis diese ihren Glanz gegen eine braune Flugrostschicht tauschten. »Alles vergammelt«, erinnert sich Sucki, nachdem er das Rad ins Tageslicht gezerrt hatte. Auch der Lack sah nicht mehr gut aus. »Eigentlich wollte ich es neu pulvern lassen. Doch das war zu teuer«, so Sucki. Und so bleibt die Originalfarbe drauf. Sucki steckt sich erst einmal eine Zigarette an und seufzt: »Dann ging es los!« Und wie. Alles demontiert, gereinigt und poliert. »Für den Rahmen habe ich mir einen teuren Naturhaarpinsel geholt und Schäden damit ausgebessert. Die Farbe hat mir ein Lacker perfekt angerührt.« Sucki weiß, was er tut. »Schließlich habe ich 30 Jahre Schiffsmodelle gebaut und bemalt.« Tatsächlich strahlt das Rad heute fast wie vor fünf Jahrzehnten im richtigen Farbton RAL 2003: ein leuchtendes Pastellorange. Es gehört zu den typischen Farben der Bonanzaräder.

Feinarbeit: Mit ruhiger Hand und viel Geduld hat der Mann mit der Mütze das Rad hübsch gemacht.

Und nun? Damit fahren will Sucki nicht. Fürs Foto schwingt er sich zwar gern auf den Bananensattel, um dann aber trocken festzustellen: »Fühlt sich an wie ein Affe auf dem Schleifstein.« Große Melancholie über das mühevoll restaurierte Familienstück will sich also nicht einstellen. »Ich werde sicherlich einen Sammler finden, der etwas damit anfangen kann«, sagt Sucki. Stimmt, und der darf sich glücklich schätzen …

Es lebe der Kult

Regelmäßig kehrt das Bonanzarad in Neuauflagen und Popsongs zurück wie bei Fischmob und Mägge. Nachhaltig war bislang keiner der Wiederbelebungsversuche

Mit diesem bunten Werbeauftritt stellt KHE seinen Highriser vor. 1999 wurde er auf der Eurobike in Friedrichshafen präsentiert.

Ob Mini Cooper oder VW Beetle, ob Swing oder Schlager, ob riesige Sonnenbrillen oder Schlaghosen – viele Trends kommen als Retroprodukte aus der Vergangenheit zurück. Auch beim Bonanzarad ist das so. Das Bike hat es allerdings kaum geschafft, über eine Fußnote in der Popkultur hinauszukommen. Als Fan mag man das bedauern. Fakt ist: Das Bonanzarad war kurzlebig, hatte seinen lauten Auftritt in den 70ern und verschwindet dann von der Bildfläche. Daran können auch mehrere Wiederbelebungsversuche nichts ändern. In der Erinnerung einiger Musiker ist es allerdings noch sehr präsent. Mehrere Künstler widmeten dem Bonanzarad eigene Kompositionen und halten so den Kult in der kleinen Szene am Leben.

Der KHE-Highriser

Die größte und wichtigste Bonanzaradreinkarnation gelingt kurz vor der Jahrtausendwende der Firma KHE aus Karlsruhe. Zu Hause in der BMX-Welt,

Vorherige Seiten: Die Band Fischmob kreierte den bekanntesten Bonanzarad-Song. Er erschien 1994 auf dem Album "Männer können seine Gefühle nicht zeigen". Das Video dazu wurde in Hamburg gedreht.

Auch ein T-Shirt gehörte zur KHE-Bonanzarad-Kampagne. Das Motiv zeigt die Serie II mit dem abgeänderten Schaltknauf.

erst als aktive Biker, ab 1988 als Entwickler für Fahrräder und Teile, haben die Gebrüder Thomas und Wolfgang Göring die fixe Idee, das Bonanzarad neu aufzulegen. Dabei orientieren sie sich sehr nah am Kynast-Modell von Neckermann aus dem Jahr 1970. »Darum haben wir ein originales Bike von einem Club gekauft und als Vorlage benutzt«, erinnert sich Firmenchef Thomas Göring an das Projekt. Schwierigster Part ist die Frage nach einer Schaltkonsole. Lagerware von Sachs und Sturmey Archer gibt es schon lange nicht mehr. »Durch Zufall kamen wir in Kontakt mit der Firma Schürhoff aus Gevelsberg. Die saßen auf großen Mengen einer Drei-Gang-Schaltung mit Schalthebel. Doch Fichtel & Sachs hatte das Patent dafür, Schürhoff durfte seine Version darum nicht verkaufen.« Nach 20 Jahren jedoch, so Thomas Göring weiter, sei das Patent auf die Centrix genannte Nabe ausgelaufen, und KHE kann den alten Schatz heben. »Das waren immerhin 2.500 Naben und Hebel.«

Weil der silberne Schalthebel, der aussieht wie eine Käseecke, eigentlich zur Einrohrmontage gedacht und nicht direkt auf dem KHE-Rahmen zu befestigen ist, bekommt der KHE-Rahmen einen kleinen Befestigungsstummel verpasst. 1999 auf der Eurobike in Friedrichshafen steht dann das fertige Rad auf dem KHE-Stand und bringt die gute alte Bonanzazeit zurück: orangefarbene Lackierung, lange Sissybar, zwei Rückspiegel – das Ding ist ein Hingucker. »Auch ein Jahr später schmückte das Rad unsere Eurobike-Ausstellung«, sagt Thomas. Das zeigt Wirkung. Bis 2003 verkauft KHE immerhin rund 3.000 seiner Highriser zum Preis von 349 Mark. Dazu gibt es eine günstigere Ausführung ohne Schaltung für 219 Mark. Gefragt ist vor allem die Centrix-Version. Als diese ausverkauft ist, wird das Rad mit einem klobigen Schaltknauf aus Kunststoff samt Ganganzeige bestückt. Alle KHE-Highriser haben eine einteilige Kurbel verbaut; klares Indiz dafür, dass die Firma aus der BMX-Welt stammt und darum auch das in den USA übliche Fauber-Tretlager verwendet. Unter Puristen gilt der KHE-Highriser als Replika und daher weniger sammelwürdig als Bonanzas aus den 70ern. Doch Design, Qualität und Technik adeln die Neuauflage aus Karlsruhe durchaus zum würdigen

Nachfolger. Vor allem die ausgefeilte Technik der Nabenansteuerung per Schubstange statt Schaltkettchen bringt das KHE-Bike weit nach vorn. Shimano übernimmt dieses Prinzip erst ein paar Jahre darauf für seine 3CCC-Nabe, Sachs sogar erst 20 Jahre später.

Das Tri-Top-Bonanza

Deutlich niedrigere Stückzahlen und auch eine gänzlich andere Herangehensweise kennzeichnen das Tri-Top-Bonanzarad. Es wird 1.111-mal gebaut. Ein Gag, klar. Eine Marketingmaßnahme zur Bekanntheitssteigerung der wiederbelebten Marke Tri Top. Die klebrige Selbstanrührlimonade aus den 70ern verlost die Räder ab 2004 bei Gewinnspielen und anderen Aktionen. So die Idee. Doch woher sollen die Räder kommen? Die Spur führt zu Stefan Berkes nach Hamburg. Berkes ist Chef der Internationalen Import- und Export–Handelsgesellschaft (IHAK), einer Firma, die sich bestens mit Fahrrädern für Gewinnspiele und andere Sonderaktionen auskennt. »Tri Top wollte so ein Rad, wir haben es entwickelt, gezeichnet und schließlich in Taiwan produzieren lassen«, so Berkes. Auch hier ist es die Schaltkonsole, die Schwierigkeiten macht und als Engpass gilt. Um die Drei-Gang-Hinterradnabe anzusteuern, wird ein Shifter realisiert, der dem der Sachs-Konsole sehr ähnlich sieht. Leuchtorange mit Tri-Top-Schriftzug, hoher Sissybar mit Rückenpolster, zwei Spiegeln, Trommelbremse vorn, Chromkettenschutz – auf den ersten Blick macht das Saft-Rad durchaus etwas her. Doch durch fehlende Beleuchtung und Reflektoren gibt es keine Straßenzulassung. Es ist eher ein Gag, um Aufmerksamkeit zu erzeugen. Gleiches trifft auf das Tri-Top-Team zu, das 2004 mit fünf, ein Jahr später mit 15 und 2006 sogar mit 30 Bonanzas beim großen Jedermann-Radrennen der Cyclassics in Hamburg an den Start geht. Der Coup glückt. Lokalmedien und die *Hamburger Morgenpost* als Kooperationspartner berichten über die verrückte Idee. »Rennrad fahren kann ja jeder, also ab aufs Bonanza«, sagt Nina Wonerow, die 2006 einen der Startplätze samt Tri-Top-Bonanza gewinnt.

VW hatte 2008 zwei Bonanzabikes im Programm. Die Namen: Goal und 1976.

Die Sondermodelle von VW

Doch nicht nur im Tri-Top-Outfit soll die Bonanzradeplik noch ein paar Jahre weiterleben. Selbst bis ins Jahr 2014 tauchen vereinzelt die von Berkes gelieferten IHAK-Gewinnspielräder auf, dann meist mit einem Bifi-Schriftzug. Auch die Salamimarke nutzte die Zugkraft des Bonanza-Kults, um für seine Miniwürstchen zu werben. Aus dem gleichen IHAK-Pool stammen auch jene Bonanzaräder, die Volkwagen 2008 unters Volk bringt. Es gibt gleich zwei Modelle: Typ 1976 und Typ Goal. Ersteres erinnert an den legendären VW Golf GTI und ist auch in dessen Farbton lackiert – Tornadorot. Das Goal dagegen kommt in Copper Orange Metallic. Jedes der beiden VW-Bonanzas ist auf 500 Exemplare limitiert und kostet rund 300 Euro.

Bis heute gibt es immer wieder Gerüchte um eine Bonanzarad-Renaissance; sogar über einen High-Riser mit E-Motor wird spekuliert. Ob es wirklich in größerer Auflage zurückkehrt? Eher nicht. Denn die konstruktions- und prinzipbedingten Schwächen sind geblieben. Mit Elektroantrieb dürften sich diese sogar noch verschlimmern. Und dann ist da noch Crazy D aus Köln. Liebevoll kümmert sich der Sammler seit rund 20 Jahren um die Ersatzteilversorgung und verkauft originalgetreue Bonanzaräder, die er aus New-Old-Stock-Teilen zusammenstellt. Doch sein Fundus ist kürzlich zur Neige gegangen. Was bleibt, ist ein Bonanzarad-Forum im Internet (www.bonanzarad.net), in dem sich Sammler und andere Bonanzarad-Verrückte austauschen.

Die Bonanzarad-Hymnen

Kultfahrrad, Jugendkultur, Popmusik – die Wege auf Schallplatten, Kassetten und ins Radio waren für Trendprodukte meist kurz. Dass Bonanzaräder von Künstlern als geeignetes Songmaterial entdeckt werden, war also nur eine Frage der Zeit. Nach Ende der Produktion sollten aber noch rund 20 Jahre vergehen, ehe Bonanzaräder als Heroen vergangener Tage besungen werden. In ihrer Produktionsphase, also etwa zwischen 1970 und 1980, treten sie als Requisite und Showstar nur selten in Erscheinung. Heintje im Heimatfilm auf dem High-Riser? Fehlanzeige! In Film und Fernsehen macht sich das Bonanzarad eher rar. Immerhin schafft es der High-Riser hier und da in die Musik.

Ein Denkmal für die Ewigkeit hat die Band Fischmob dem Bonanzarad gesetzt. 1994 veröffentlichen die Hip-Hopper aus Hamburg den Song *Bonanzarad*. Nach einem Lagerfeuerintro sind im zugehörigen Musikvideo schräge Sequenzen mit einem Karstadt-Bonanzarad vom Typ RK 1000 zu sehen. Da heizt der »Schreckliche Sven« mit wehenden Haaren über die Reeperbahn und singt dazu einen Text, der bei Kritikern als gewaltverherrlichend für Anstoß sorgt. So sind sie, die Rapper. Brav sein sollen die anderen. In der Tat hat es der Text in sich, wie die folgende Doppelseite zeigt.

Der »Schreckliche Sven« heißt bürgerlich Sven Mikolajewicz und lebt heute in Flensburg. An den Videodreh erinnert er sich gut: »Alle Innenaufnahmen haben wir in einer Gaswerkruine und ehemaligen Futterfabrik im östlichen Hamburg aufgenommen. Die riesigen Bauten mit ihren halbverfallenen Verarbeitungshallen waren eine großartige Kulisse für morbide Fotos und bescheuerte Videos und ein herrlicher Hangout-Spot für junge Sprayer mit zu viel Freizeit und zu wenig Gefahrenbewusstsein. Die Lagerfeuerszene haben wir am Hamburger Elbstrand gedreht, die Straßenszenen aus dem Kofferraum eines alten Mercedes /8.« Wer Sven zuhört, spürt mit jedem Satz, wie viel Spaß dieses Lied und der Videodreh der Band und Kameracrew gemacht haben.

Interview mit Sven Mikolajewicz Fischmob

WAS BEDEUTET DAS BONANZARAD FÜR DICH?

Eigentlich ist ein Bonanzarad ja eher zum lässigen Cruisen und von der Funktionalität her vollkommen bekloppt. Allein die Schaltung auf der Mittelstange ist natürlich komplett hirnrissig, sieht dafür aber mega aus.

WIE SIND DEINE PERSÖNLICHEN FAHRERLEBNISSE?

Der Schwerpunkt ist für ökonomisches Fahren viel zu tief und zu weit hinten, fühlt sich aber absolut großartig an. Genau das war ja das Herrliche an dem Rad – das Ding war der diametrale Gegenentwurf zu den vernünftigen, hochfunktionalen Fahrrädern, die Eltern einem zur Einschulung geschenkt haben – mit Gepäckträger für die Schultasche, einem ergonomisch geformten Sattel und vom Vater höchstpersönlich perfekt eingestellter und permanent nachjustierter Höhe für die optimale, aufrechte Körperhaltung.

WARUM ENTSTAND SO EIN HYPE UM DAS RAD?

Das Bonanzarad war metallgewordener Hedonismus und irgendwie auch stummer Protest gegen die vernünftige Welt der Erwachsenen. Statt der Sicherheitsreflektoren hat man sich Bierdeckel in die Speichen geklemmt, statt des Wimpels der bestandenen Verkehrssicherheitsprüfung hat man sich einen Fuchsschwanz an die komplett sinnentleerte Antenne am Bananensattel gehängt. Statt aufrecht auf dem Rad zu sitzen (Wie bei Tisch: »Sitz mal gerade, Junge«) hat man sich krumm in den Sattel gefläzt. Na ja … und genau deswegen habe ich von meinen Eltern vermutlich auch nie ein Bonanzarad bekommen, sondern immer nur Modelle der Kategorie ökonomisch, vernünftig und sicher.

UND BEIM VIDEODREH SELBST? IST ALLES GUT GEGANGEN?

Schnelles Fahren und selbst bescheidene Stunts mit dem Bonanzarad, zumindest jenes vom Dreh, waren ein echter Albtraum. Bei einer Szene bin ich mit dem Teil über eine Rampe gefahren – jeder BMXer heutzutage würde bei den Dimensionen dieser Stunts bestenfalls milde lächeln.

WAS WAR DAS PROBLEM?

Ganz einfach: Das Rad war zum einen viel zu klein für mich. Zum anderen hatte ich die ganze Zeit Angst, dass mir der Rahmen unter dem Hintern zusammenbricht. Ich habe aber wider Erwarten keinen Unfall mit dem Rad gebaut, obwohl es für das Video vielleicht ein netter Bonus gewesen wäre.

SVEN, DANKE FÜR DAS GESPRÄCH.

Bonanzarad
Fischmob

Morgens ess' ich Cornflakes und abends ess' ich Brot
Und wenn ich lang genug gelebt hab',
dann sterb' ich und bin tot
Tja so ist das mit dem Leben, gar nix hält für immer
Nur die Frage: Nach dem Tod – wird es da besser
oder schlimmer?

Müßig ist es, darüber nachzudenken
Die Zeit, die man dafür investiert,
die kann man sich auch schenken
Darum denkt nich' an das Jenseits
und die ganzen Sachen dann
Es gibt so viele schöne Dinge
die man jetzt schon machen kann

Ich zum Beispiel, ich spare g'rad'
Für 'n dritten Rückspiegel am Bonanzarad
Dazu 'ne Rolle gelb-schwarzes Lenkerband
Seit Wochen sammel' ich dafür
schon den Flaschenpfand
Das technische Niveau unserer Zivilisation
Findet in der Schaltung
auf der Mittelstange Manifestation
Und genau aus diesem Grunde ist mein ganzer Stolz
Eine neue Schaltkonsole aus Sandelholz
Ich hab' vier Gänge und 'n Leerlauf
Das bedingt dass sich der Fußgänger die Haare rauft
Denn die Fußgängerzone das ist mein Revier
Und für jeden Überfahrenen gib's 'ne Kerbe zur Zier

Oma zählt halb, Frau mit Kind zählt zwei
Und Hund oder Katze sind mit einem Punkt dabei
Wenn ich mit 30 km/h auf mein Opfer zurase
Läuft mir Adrenalin aus Ohren, Mund und Nase
Den ganzen Lenker voller Kerben – das ist mein Ziel
So manche Einkaufstour endet unter mei'm Profil
Tret' ich in die Pedale, dann glühen die Reifen
Ich kenn' weder Skrupel, noch Zebrastreifen

Refrain
Ich fahre mit dem Bonanzarad durch die Hansestadt
... damit ein jeder sieht, was für'n geiles Rad ich hab'
NoNotNow fährt Thunderbird, der Bundi fährt
'n Panzer – mir doch scheißegal – ich bleib' bei mei'm
Bonanzarad
Stadtverkehr hin und her
Ich liebe meine Mutter,
doch mein Rad lieb' ich noch mehr
Es macht mich populär in der Clique
Ich ficke auf die ganze motorisierte Sippe
Ich komm' von Hamburg nach Berlin ohne Benzin
Von Poona in den Tschad ohne Kat
mit mei'm Bonanzarad
Starten wir gemeinsam, erreichst du das Ziel später
Denn der Vorteil liegt bei mir ich hab ein
schnelleres Tachometer

Steh'n die anderen im Stau,
steh' ich daneben und bau'
Aber sicher kein Unfall, ne – Genau
Ein Lenkerradio mit 2 mal 25 Watt garantiert
Einen dicken, fetten Sound, der piert auf'er Haut
Ich fahre schneller als erlaubt, das weiß ich
Auf Tempo 30 scheiß' ich
und auf Nägel scheiß' ich auch
denn Ching Chang Chong,
Nagel geht durch Schlauch

Interview mit Marcus Fink Mägge

Fünf Jahre nach der Fischmob-Hymne widmet sich ein Musiker aus Baden ebenfalls dem Bonanzarad. Marcus Fink veröffentlicht seine Songs unter dem Künstlernamen Mägge. Nur auf CD erhältlich, wirkt selbst dieses Medium heute ein wenig aus der Zeit gefallen. Der Silberling ist mit zwei unterschiedlichen Covern zu haben. Den Song *Bonanzarad* gibt es darauf in vier verschiedenen Versionen.

Gitarre und KHE-Highriser: Marcus Fink schrieb eine Hymne aufs Bonanzarad.

WIE BIST DU AUF DIE IDEE ZU DEM SONG GEKOMMEN?

Ist ja schon wieder ein paar Tage her, als ich darauf kam. Irgendwann einmal habe ich ein bisschen zurückgeblickt, was im Leben so wichtig war, und da fiel mir gleich die Sehnsucht nach dem Bonanzarad ein.

IST DER TEXT AUTOBIOGRAFISCH? HATTEST DU IN DEINER JUGEND TATSÄCHLICH EINES?

Ich hatte keines, aber es mir unheimlich gewünscht. Ich habe mir dann ein Rad im Bonanzarad-Style zusammengebaut. Also normaler Rahmen, Bananensattel, einen hohen Lenker, der aber mehr breit als hoch war, und mit Spielkarten in den Speichen. Erweitert um eine verlängerte Gabel, wie man das damals so machte. Ich habe einfach auf die Gabel eine weitere aufgesteckt. Es hat erstaunlich gut gehalten, das sieht man heute allerdings selten. Quasi nicht mehr.

WIE SIND DEINE PERSÖNLICHEN ERINNERUNGEN ANS BONANZARAD?

Es ging wie heute auch immer nur ums Feeling. Freiheit. Es war mehr als das Rad. Es brauchte das passende Outfit: Jeansjacke mit abgeschnittenen Ärmeln und einigen Stickern. Die Vorbilder waren der hiesige Motorrad-Club, also die Rocker. Und natürlich hat mich die Zeit geprägt. Auf das DIY-Bonanzarad folgte der Punk und dann wieder

Bonanzarad Mägge

das Bonanzarad. Und es geht bis heute um dieses Lebensgefühl in allen Situationen.

ES HEISST, DU HAST DIR NACH DEM SONG DREI EXEMPLARE ZUGELEGT. WEISST DU NOCH, WELCHE MODELLE?

Das erste war ein Gebrauchtes, das schon ziemlich fertig war. Dann folgte der Highriser von KHE und dann noch ein sehr originalgetreues Schmuckstück. Da wurde ich tatsächlich angerufen und gefragt, ob ich nicht der mit dem Bonanzarad bin. Sie hätten eines in der Scheune stehen, ob ich das abholen könnte. Da ließ ich mich nicht lange bitten.

AUF DEM CD-COVER IST EIN BONANZARAD VON KHE AUS KARLSRUHE ZU SEHEN. GAB ES EINE KOOPERATION MIT IHNEN?

Ja, mit KHE hatte ich eine Koop. Ich half ein bisschen beim Promoten, und dafür gab es zu jedem Rad eine CD von mir dazu. Zwei supernette Jungs und wir haben in der Zeit einiges zusammen gemacht, um das Rad und den Lifestyle etwas populärer zu machen.

MARCUS, DANKE FÜR DAS GESPRÄCH.

Nach langer Zeit hab ich Dich wiedergesehen
Hatte Dich schon fast vergessen
Ich fand Dich immer schon wunderschön
Und bin gern auf Dir gesessen
Du hast gestrahlt, mit vielen Extras dran
Bis zu dem Tag, als der Sperrmüll kam
Dann wurdest Du abgeholt und warst
nicht mehr interessant
Ich hab das damals nicht erkannt

Refrain
Und heute wünsche ich mir ein Bonanzarad,
ein superstarkes Bonanzarad
Mit Highwayslenker und Bananensattel
und einem Dreigang-Knüppelschaltungs-Automat

Am besten in Orange oder auch in Gelb
Gelb-Metallic wär auch nicht schlecht
Mit Pseudofederung vorn drin.
Und ganz kurzem Schutzblech
Schwarz-weiß geringelter Schutzhülle
um die Bremszüge und Katzenaugen am Pedal
Trommelbremse und supercoole Satteltaschen
Ja, dann ist mir alles egal

LUXUS
ROAD RUNNER

Der Landlehrer

 Wilde • Reiter 

In einem kleinen Kaff lebt der Kult: Christian Bode sammelt und restauriert seit Jahren Bonanzaräder aller Art

Landlehrer? Dieses Pseudonym verwendet Christian Bode im Bonanzarad-Forum, in dem er zu den aktivsten Mitgliedern gehört. Ein eingeschworener Haufen ist das. Viele sind schon seit Jahrzehnten dabei, posten dort ihre Schätzchen oder geben Tipps, wie man ein runtergerocktes Bonanzarad wieder fit macht. »Liegt halt an meinem Beruf«, erklärt er, denn der 52-Jährige ist tatsächlich Lehrer in Verden an der Aller. Sein Wohnort ist noch viel kleiner und heißt Blender. Das liegt auf dem Land. Irgendwo tief in den Weiten der Wesermarsch südöstlich von Bremen. Wer hier lebt, auf dem Gymnasium Geschichte, Deutsch und Religion unterrichtet, hat sich die Vokabel Landlehrer wahrlich verdient.

Christian öffnet sein Garagentor. Zum Vorschein kommen sechs wunderschöne Bonanzaräder, alle im oder sehr nah am Bestzustand. Denn Christian kann nicht nur gut Wissen vermitteln, sondern restauriert schon seit vielen Jahren alte, sehr alte und uralte Fahrräder. »Damit habe

Lila Bonanzarad und viel Grün: Christian hat vor der Haustür viel Platz für lange Ausfahrten. Wenn der Bauer mit dem Trecker entgegenkommt, grüßt er freundlich.

Christians kleine und feine Sammlung: Eigentlich hatte er nach der Sturm-und-Drang-Phase in seiner Jugend mit dem Bonanzarad abgeschlossen. Doch dann begann die verhängnisvolle Affäre aufs Neue.

ich schon vor den Bonanzas angefangen«, sagt er. Diese Erfahrung kommt ihm natürlich beim Aufarbeiten der moderneren Massenware aus den 70ern zugute. Besonders ein K 1000 von Karstadt mit leuchtend lilafarbener Lackierung springt jedem Betrachter sofort ins Auge. »Das konnte ich in einem hervorragenden Originalzustand erwerben«, so Christian. In den vergangenen Jahren hat er immer mal wieder zugeschlagen, wenn sich eine Bonanzarad-Gelegenheit ergab. Da ist einiges zusammengekommen. Von vielen Rädern hat er sich auch wieder getrennt und nur die schönsten Stücke behalten. Schließlich interessieren Christian neben Fahrrad-Oldtimern auch moderne Bikes unterschiedlichster Couleur. So hat er sich kürzlich ein Fatbike zugelegt und ist regelmäßig auf längeren Radtouren unterwegs.

Angefangen hat alles irgendwann in den 70ern. In Christians Straße wohnte damals Peter. Der ist ein paar Jahre älter und schraubt nach der Schule stets an alten Fahrrädern rum. »Der holte sich 26er Herrenräder, zerlegte sie, lackierte sie lila oder giftgrün und schraubte dann Bananensattel, Sissybar und Hirschlenker mit langen Fransen an den Griffen daran. Das beeindruckte mich tief«, erinnert sich Christian. Er selbst kommt 1980 an sein erstes Bonanzarad. »Ein gebrauchtes mit echter Hinterradfederung und silbernem Lack.« Kostenpunkt: 20 Mark. Guter Zustand, nur ein kleiner Knick im rechten Lenkerschaft. Damals waren Bonanzas noch keine Kultobjekte mit Sammlerstatus. »Sie dienten eher als Kompensation unerfüllter Jugendträume«, sagt Christian. Eigentlich hatte er auf ein erschwingliches Mountainbike spekuliert. Die waren damals ganz frisch am Markt und in der Regel sehr teuer. »Mein Vater war gegen das Bonanzarad. Sein Sohn sollte was Vernünftiges haben, keinen schweren Eisenhaufen mit schlechten Fahreigenschaften, sondern ein solides Jugendrad«, so Christian. Es kam anders. Bonanzas waren billig oder umsonst. »Im Sperrmüll, in Containern und am Schwarzen Brett: Wir waren die typischen Zweitverwerter dieser Räder.«

Christian machte sie fahrtüchtig und heizte damit über Abfahrtpisten in einer alten Tongrube, bis sie kaputt waren. »Da zeigte sich schnell, dass die Geländetauglichkeit Fake war und der Banansattel anatomisch eine Fehlkonstruktion.« Meist in Einzelteilen wandern sie wieder ans Schwarze Brett; so ließ sich mehr Geld erzielen. Irgendwann ist nicht nur die Luft aus den Reifen raus. Auch der Reiz des rustikalen Treibens lässt nach. »Dann war bei mir viele Jahre lang Ruhe ums Bonanzarad.« Bis zu jenem Tag, als er mit Tochter Valentina einen Schrottplatz besuchte, um für sie einen Fahrrad-Oldtimer zu finden. Das Richtige war nicht dabei. Stattdessen machte der Schrotthöker Christian ein völlig fertiges Bonanzarad schmackhaft. »Es sollte sogar umsonst sein. Trotzdem wollte ich es nicht, denn es war Kernschrott – Fehlteile, silber übergesprüht ... «, man merkt noch heute, dass Christian dieses Rad auf keinen Fall in seinem Autokofferraum sehen wollte. Doch dann kommt das Veto für das Velo von Valentina: »Ich finde es gut, Papa.« Widerspruch zwecklos. Ein paar Stunden später starrte Christian in seiner Garage auf ein scheinbar hoffnungsloses Fahrradwrack mit Banansattel und Geweihlenker. Und so kommt der Landlehrer vom Hölzchen aufs Stöckchen, taucht tief ein ins Universum der Bonanza-Wiederherstellung. Eine Leidenschaft, die bis heute anhält.

Perfekter Stil: Das RK 1000 wurde in den 70ern bei Karstadt verkauft. Christian fand es fast im Bestzustand.

Next Generation:

BMX und MTB machen alles besser

Mountainbikes und Cross-Fahrräder sind direkte Nachfolger des Bonanzarads. Und echte Sportgeräte

Das Stingray wird zum BMX-Racer

Keine lange Krankheit, kein Siechtum, keine Sentimentalitäten – der Tod des Bonanzarads kommt schnell. 1977 ist es plötzlich weg. Wo in den Schaufenstern und auf Katalogseiten bislang Bonanzaräder parkten, stehen nun sportliche Renner. Und erstmalig tauchen im Handel Kinderräder auf, die in den USA schon seit einigen Jahren für Furore sorgen: BMX-Bikes. Wie das Bonanzarad stammen sie direkt vom Schwinn Stingray ab und rollen wie dieses auf 20-Zoll-Rädern. 1971 produziert Hollywood-Legende Steve McQueen den Motorrad-Dokumentarfilm *On Any Sunday*, in dessen Eingangsszene eine Horde Jugendlicher auf Stingrays ein wildes Rennen samt spektakulärern Sprüngen über Erdhügel in Capistrano Beach austrägt. Ihren Rädern fehlen Frontbremsen und Schutzbleche, dafür tragen sie am Lenker große Nummerntafeln. Die kleinen Helden möchten so sein wie ihre großen Vorbilder, die jeden Sonntag auf ihren Motocross-Maschinen von Suzuki & Co. über die Sandpisten heizen. Bislang nur in Südkalifornien ein Thema, verbreitet sich das BMX-Phänomen durch den Film übers ganze Land. Hinein in die Werkstätten von Vätern, deren Söhne über einen zerstörten Stingray-Rahmen klagen und dann erst über den gebrochenen Arm. Mit Flex und Schweißbrenner modifizieren die BMX-Dads die zu labilen Rohre.

1973 bringt Yamaha das Moto-Bike. Es ist voll gefedert, trägt Schutzbleche, einen Fake-Tank und ist nichts anderes als eine Motocross-Maschine zum Treten – also viel zu schwer. Kawasaki folgt 1974 mit einem fast identischen Bike aus Alu. Der Einfluss der japanischen Motorradhersteller ist groß; schließlich sind die BMXer von heute die Motorradkäufer von morgen. Parallel entwickeln verschiedene Tüftler BMX-Räder mit Monoshock-Rahmen, also einem mit integrierter Zentralfeder. Auch das setzt sich nicht durch. Dann taucht ein Typ namens Marvin Church bei einem Rennen auf. Sein BMX-Rahmen besteht aus einem von seinem Vater umgebauten Stingray mit geraden Rohren und höher gelegtem Tretlager.

Kultfilm: In Deutschland erschien der Streifen unter dem Titel „Teufelskerle auf heißen Feuerstühlen".

Vorherige Seiten: Charlie Kelly bei einem der legendären Repack-Downhill-Rennen. Er trägt Knie- und Ellbogenschoner, denn Stürze blieben nicht aus.

Dies erlaubt Church die Verwendung von Sechs-Zoll-Kurbeln – ein Riesenvorteil. Im Jahr darauf folgen die ersten hohlgebohrten und damit leichten Spezialgabeln. Spätestens jetzt verschwinden auch die Bananensättel von den BMX-Bikes, denn gefahren wird überwiegend im Stehen. Nach und nach nehmen die Räder die Form ernsthafter Sportgeräte an. Auch die Lenker werden robuster. Zwar ragen sie noch immer weit nach oben, werden aber durch neue Vorbauten stabiler ausgelegt, damit sie nach Sprüngen nicht wegknicken wie Streichhölzer. Um Gewicht zu reduzieren, entwickelt die kalifornische Firma Skyway leichte Felgen aus Nylon-Verbundstoff, die sich sehr gut verkaufen.

Es ist Hollywood-Stuntman und Motorrad-Customizer Gary Littlejohn, der als Erster Ende 1974 einem starren BMX-Rahmen den Weg in den Massenmarkt ebnet. Das Teil ist steif und geometrisch so optimiert, dass Sprünge und Kurven sicher und schneller als bisher zu meistern sind. Kommerzialisiert wird das Geschäft schließlich von Skip Hess, einem Radrennsportler und Dragster-Piloten. Erst bringt er Gussfelgen aus Alu und Magnesium unter dem Namen MotoMag auf den Markt, dann gründet er die Firma B.M.X. Products und produziert ab 1975 mit dem Mongoose das erste Serien-BMX-Bike. Besteht seine Käuferschaft bis zu diesem Zeitpunkt nur aus Rennfahrern, steigt schon bald die Nachfrage nach speziellen Teilen bei Fahrern, die anderes im Sinn haben. In San Diego und Umgebung wird es hip, mit dem BMX-Rad Kunststücke in betonierten Flussläufen und Skateparks zu präsentieren. Besonders Bob Haro aus Pasadena zeigt, was mit einem BMX-Rad alles möglich ist. Haro war ursprünglich Motocross-Fahrer, der mit seiner Honda viele Trophäen holt. Dann findet er mehr und mehr Gefallen an Tricksereien auf dem BMX-Rad seines Bruders. Er übt und übt. Und wird zum »Godfather of Freestyle«, einer Disziplin, die sich rasch neben dem Racing etabliert. Haro tourt mit anderen Freestylern durchs Land, steigert die BMX-Popularität und wird selbst zum Geschäftsmann in dem neuen Millionen-Business. Haro BMX-Bikes sind bis heute gefragte Spezialräder für Freestyler. Und dann kommt auch noch Hollywood um die Ecke. Für den 1981 gedrehten Blockbuster *E.T. the Extra-Terrestrial* von Steven Spielberg wird Haro als Stuntfahrer verpflichtet. BMX-Räder spielen im Film eine wichtige Rolle. Titelgebend sind sie dann sogar in *Die BMX-Bande* – ein australischer Streifen, in dem Nicole Kidman 1983 ihre erste Kinorolle spielt. Spätestens dieser Film löst einen BMX-Boom in beiden Teilen Deutschlands aus.

Bob Haro ist noch immer der »Godfather of Freestyle«.

Der Streifen *E.T.* löste den BMX-Boom aus

Das Anaconda der Firma Schauff war auf dem Racetrack wie in der Halfpipe zu Hause.

Bunt, bunter, BMX: „Die BMX-Bande" mit Nicole Kidman.

Derart pompöse Begleitpropaganda blieb dem Bonanzarad versagt – BMX ist ein weitaus größeres Phänomen. BMX-Racing wird als ernsthafte Sportart wahrgenommen. Daneben entwickelt Freestyle die Unterarten Street, Park, Vert, Miniramp, Flatland und Dirt Jump. Die Liste der Tricks und Fahrmanöver wird immer länger und spektakulärer bis hin zum Backflip Double Tailwhip: ein Rückwärtssalto, bei dem der Fahrer den hinteren um den vorderen Teil des Bikes samt Fahrer dreht und dabei mit den Füßen die Pedale verlässt. Und das alles in schwindelerregender Höhe. Nichts für schwache Nerven. Ab 2020 ist Freestyle erstmalig auch eine olympische Disziplin bei den Spielen in Tokio. BMX-Racing genießt dieses Privileg bereits seit 2008.

Ohne Bonanzarad kein Mountainbike?

Wettbewerbe mit Mountainbikes (MTB) sind sogar schon seit 1996 olympisch. Genau wie der BMX-Sport hat auch das Geländebike seinen Ursprung in Kalifornien. Aber nicht im Süden, sondern in der Gegend um San Francisco. In der kleinen Ortschaft Larkspur nördlich der Metropole lebte nicht nur die berühmte Rock- und Bluessängerin Janis Joplin, sondern auch eine Gang junger Leute, die sich ab 1968 einen Spaß daraus macht, mit alten Cruiser-Fahrrädern rumzuspielen. Sie nennen die Dinger Klunker, was übersetzt etwa Klapperkiste bedeutet. Nach der Reparatur wirft die »Larkspur Canyon Gang« die Ein-Gang-Räder auf einen Pick-up-Truck, tuckert auf den Mount Tamalpais, um ihn dann gemeinsam runterzubrettern und den alten Fahrrädern den Rest zu geben. Auch südlich der Bay Area, im heutigen Silicon Valley, findet das Offroad-Fahren mit den alten Klunkern Gefallen. Dort gründen sich die »Dirt Club Cupertino Riders«. Und die machen bereits 1971 mit technischen Raffinessen ihre Fahrräder schneller. Das geht ein paar Jahre so, und das wilde Treiben der Klunker-Gangs bleibt weitgehend unbemerkt. Nur in Crested Butte, einem Bergdorf in Colorado, entwickelt sich simultan eine ähnliche Szene. Erst 1973 findet sie im Marin County, nördlich der Golden-Gate-Brücke, Nachahmer. Dort basteln ein paar langhaarige Typen ebenfalls an den alten Cruisern, die meist

Das Trio Infernale der MTB-Pioniere: Gary Fisher (oben), Joe Breeze (Mitte) und Charlie Kelly erfanden das Mountainbike eher zufällig als geplant. Alle drei nahmen regelmäßig an den legendären Repack-Rennen teil. Fisher hält bis heute den Streckenrekord.

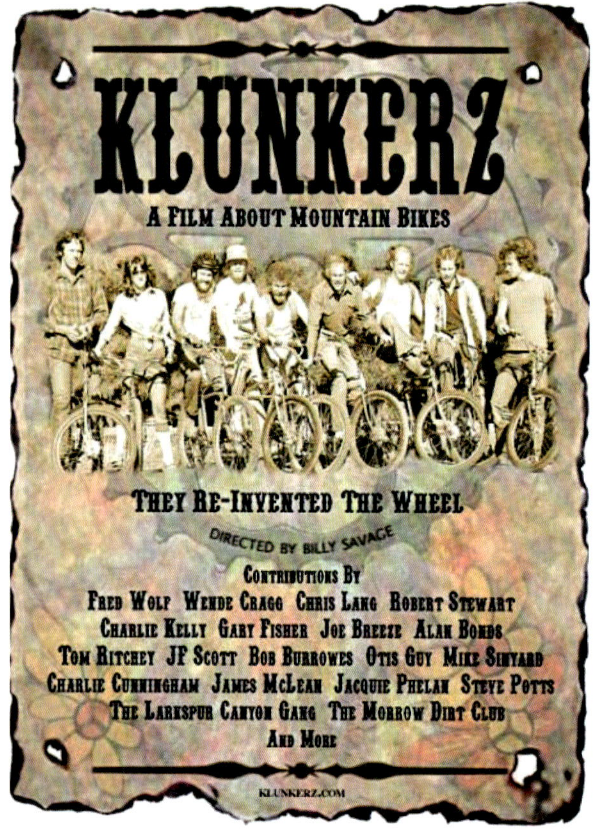

Umgebaute Cruiser wurden Klunker genannt. Über die MTB-Vorläufer wurde sogar ein Film gedreht.

von Schwinn aus den 40er-Jahren stammen. Wie die Cupertino Rider wollen sie nicht nur mit ihnen rumfahren, bis sie auch kaputt sind, sondern fangen sie an, die schweren Oldtimer zu optimieren.

Räder gibt es reichlich. Auf Flohmärkten und Garage Sales kosten sie meist um fünf Dollar. Was keiner ahnt: Aus diesen Klunkern wird sich der wichtigste Fahrradtrend für die nächsten Jahrzehnte entwickeln. Denn die schweren Cruiser mit ihren breiten 26-Zoll-Reifen sind die Vorboten des modernen Mountainbikes. Wie das BMX-Rad können die Klunker etwas, was das Bonanzarad nie schaffte. Sie sind keine Pseudoprodukte, die nur Funktion imitieren, sondern diese gestrippten Cruiser-Räder beweisen tatsächlich gute Geländegängigkeit. Ende 1975 beginnen gut trainierte Klunker-Piloten, mit den Rädern durch die bewaldeten Hügel im Marin County zu fahren. Bergauf werden sie geschoben, weil sie zu schwer sind. Bergab geht es umso verrückter, immer mit dem Ziel, schneller zu sein als die Kumpels. Aber wer ist wirklich der Schnellste? Eine dreiköpfige Clique geht dieser Frage besonders leidenschaftlich nach: Joe Breeze, Gary Fisher und Charlie Kelly. Alle drei fahren seit Jahren Radrennen auf filigranen italienischen Rennmaschinen mit superschmalen Reifen. Sie haben also Wettbewerbserfahrung. Und so entsteht der Gedanke eines Offroad-Bergabrennens. Die Strecke dafür ist schnell gefunden: eine für Autos gesperrte Schotterpiste. Sie führt mit vielen Kurven steil bergab, ist 2,9 Kilometer lang und

Mit kunstvollen Plakaten wurden die Repack-Rennen angekündigt.

verliert dabei 366 Höhenmeter. Also versammeln sich am 21. Oktober 1976 sieben Adrenalin-Freaks mit ihren Klunkern auf einem Plateau des Mount Tamalpais. Die Strecke ist den Bergab-Junkies gut bekannt und hat einen Namen: Repack!

Gary Fisher kommerzialisierte das Geschäft mit den MTBs – ein schillernder Typ.

Der rührt daher, dass die extrem heiß gebremsten Ein-Gang-Rücktrittnaben nach jeder Fahrt geöffnet und mit frischem Fett versorgt werden mussten, also einen *repack* brauchen. Dann geht es los: In Zwei-Minuten-Abständen startet einer nach dem anderen in das Einzelzeitfahren. Sieger des ersten Rennens ist Alan Bonds mit einer Zeit von fünf Minuten und zwölf Sekunden. Und damit auch Gewinner des ersten Mountainbike-Rennens überhaupt. Es ist reines Downhill-Race, das bis 1979 bis zu sechsmal im Jahr ausgetragen wird. Natürlich intensivieren die Teilnehmer ihre Modifikationen an den Rädern. Es ist Gary Fisher, der seinen Klunker mit Kettenschaltung und Daumenschalthebel aufrüstet, um den Berg nicht mehr raufschieben zu müssen. Dafür verwendet er eine Hinterradnabe aus einem Tan-

Joe Breeze in seiner Werkstatt. Er konstruierte und baute die ersten echten Mountainbikes unter dem Namen Breezer.

Charlie Kelly fährt heute ein Breezer Repack. Was sonst?

dem mit Trommelbremse und Fünf-Gang-Schraubritzel. Schraubritzelnaben und Trommelbremsen werden zu beliebten Klunker-Parts. An dieser Stelle gibt es wieder eine direkte Verbindung zu den High-Risern. Denn vor allem die vordere Trommelbremse des Schwinn Krate ist für das Bremsentuning der Klunker gefragt. Viele Fahrer kaufen Gebrauchtexemplare, bauen die Trommelbremse aus und schmeißen den Rest in den Sperrmüll.

Tom Ritchey hatte den Spitznamen General Motors, weil er MTB-Rahmen schnell und in größerer Stückzahl lieferte.

Konkreter wird das neue Bikedesign, als Joe Breeze 1976 seine ersten Rahmen fürs Offroad-Fahren zeichnet. Die Räder werden steifer, aber kaum leichter. Zehn Exemplare lötet Joe bis zum Frühling 1978 zusammen – alle wollen ein Breezer. Joe nimmt Kontakt zum Rahmenbauer Tom Ritchey auf, um seine Meinung einzuholen. Schließlich baut auch Tom drei Geländeräder mit optimierter Geometrie, Mafac-Cantilever-Bremsen, Magura-Hebeln, Phil-Wood-Naben und den ersten Bullmoose-Lenkern (Lenkstange und Vorbau bilden als Dreieck eine steife Einheit). Einer der ersten Kunden: Gary Fisher.

Tom baut schnell neun weitere Rahmen. Daraufhin beschließen Ritchey, Fisher und Kelly mit ein paar Hundert Dollar die Firma MountainBikes zu gründen. Die ersten Räder werden aus dem Kofferraum von Fishers BMW 2002 verkauft. Immer mehr Klunker-Fans wollen die ungewöhnlichen Mountainbikes. Und das, obwohl die Preise höher sind als für ein Rennrad der Premiumklasse. Die Firma MountainBikes bleibt nicht lange allein. Ein Motorradrennfahrer namens Mert Lawwill entwickelt zusammen mit den Koski-Brüdern den ProCruiser und Trailmaster. Lawwill ist ein Freund von Steve

McQueen und auch im Film *On Any Sunday* zu sehen – irgendwie scheint alles und jeder damals mit den Erben des Bonanzarads in Verbindung zu stehen. Es sind die Anfänge eines absoluten Megatrends, einer Bewegung, wie sie die Fahrradbranche noch nicht erlebt hat. Kein Wunder, dass auch Mike Sinyard, Chef der Firma Specialized, bald von dem neuen Trend hört. Er macht Nägel mit Köpfen, lässt 1981 seine Designer das Modell Stumpjumper zeichnen und das Bike in Japan in großer Stückzahl fertigen. Das bringt den Durchbruch. MTBs werden zu einem weltweiten Kassenschlager.

Viel mehr noch als das BMX-Rad ist das Mountainbike auch 40 Jahre später noch immer ein Bestseller für die weltweite Fahrradindustrie mit zahlreichen Unterarten: Cross Country, Enduro, Trail Bike, Downhiller, Fatbike ... Eine Federung vorn wird zum Standard. Es folgt das Fully, und die Reifengrößen 29 und 27,5 Zoll werden ergänzt. Seit ein paar Jahren sorgt zudem die Elektrifizierung des Mountainbikes für seinen vierten, fünften oder sechsten Frühling.

So eine grandiose Karriere blieb dem Bonanzarad versagt. Zwar erreichte es beachtliche Stückzahlen. Doch gegen das Volumen, die bis heute anhaltende Karriere der BMX- und Mountainbikes sowie ihren Rang als Sportgerät bei Olympischen Spielen erreichen die High-Riser alleinig den Status einer kultigen Fußnote in der Fahrradhistorie. Denn BMX und MTB lösen ein, was das Bonanzarad nur optisch andeutete, aber nie halten konnte: Sie sind tatsächlich für harten Offroad-Einsatz geeignet, erlauben spektakuläre Fahrmanöver und haben sich zu hochtechnisierten Sportgeräten weiterentwickelt, die bis heute eine wachsende Industrie befeuern. Und doch: Ohne das Bonanzarad hätte es kein BMX-Rad und kein Mountainbike gegeben. Zumindest nicht in dieser Form. Amen!

1989 erreichte der MTB-Boom auch Deutschland, und die Zeitschrift „Bike" erschien zum ersten Mal.

Der Weltmeister

 WILDE • REITER 

Er ist der erste, der letzte und damit der einzige Weltmeister auf dem Bonanzarad: Thorsten Schreiter hält den Titel für die Ewigkeit

Moers im Juni 1997, ein sonniger Tag. Es ist warm. Bis zu 28 Grad Celsius. Rund 30 merkwürdige Typen auf noch merkwürdigeren Fahrrädern versammeln sich im Stadtpark an der Krefelder Straße. Alle sitzen auf Bonanzabikes. Alle wollen gewinnen. Und alle haben irgendwie einen »Nagel« im Kopf. Denn ohne diesen würden sie nicht hier und nicht heute in dieser Kleinstadt sein, um an der ersten Bonanzarad-Weltmeisterschaft teilzunehmen. Die haben sich ein paar Lokalmatadore aus dem Verein der Radsportfreunde Bonanza Moers von 1993 e. V. ausgedacht. Ganz viel Jux, noch mehr Spaß und ein Schuss sportlicher Ehrgeiz und anschließend ein Eintrag ins *Guinness-Buch der Rekorde* – fertig ist die WM. Und natürlich soll der Weltmeister aus Moers kommen. Doch es kommt anders. Ganz anders.

Denn irgendwie bekommt die BMX-Szene in Köln ein paar Wochen vor der WM Wind davon.

Thorsten Schreiter mit dem Gaul, der ihm den Weltmeistertitel bescherte. Als routinierter Radsportler und BMXer ließ er 1997 rund 30 Konkurrenten bei den Wettkämpfen in Moers hinter sich.

Raus das Bein: Thorsten bei der Disziplin Kunstradfahren vor einer strengen Jury. Ob der Sombrero bei der B-Note half, ist nicht überliefert.

Ist das nicht was für uns? Wollen wir hin? Logo, machen wir! Also stecken acht BMX-Verrückte aus der Domstadt die Köpfe zusammen und schmieden Pläne. Wichtigste Frage: »Wie kommen wir an die Bonanzas?«, erinnert sich Thorsten Schreiter, der zu den Aktivsten der Gang zählt. Das Problem ist schnell gelöst. Einer aus der Crew ruft in den USA an und bestellt kurzerhand eine Handvoll alter Stingrays. Das ist normal. BMXer haben quasi eine Standleitung in die Staaten, wegen der Räder, der Teile, der Klamotten. Nur für Thorsten ist nicht das Richtige dabei. Er findet sein »Wettbewerbsgerät« bei einem Gebrauchtfahrradhändler, exakt einen Tag vor der WM. »Ein Wittekind in Orange für 50 Mark«, sagt Thorsten. Das Ding ist sogar fahrbar. Also ab damit nach Moers.

Es kommt, wie es kommt, wie es kommen muss: Die fremde Horde zeigt den Hausherren, wo die Hosenklammer hängt. Sie dominieren die WM. Allen voran Thorsten Schreiter. Vier Disziplinen gilt es zu absolvieren. »Die erste war Kunstradfahren, bei der wir die Jury mit Wheelies und Sprüngen beeindruckten«, sagt Thorsten, der Weltmeister.

Danach ist ein Downhill-Rennen angesagt – fiese Stürze in einem kraterähnlichen Loch auf der Piste inklusive. Thorsten bleibt im Sattel, holt sich hier Platz zwei. Dann schlägt seine große Stunde: Slalom durch einen Pylonenparcours. »Das lag mir. Durch die BMXerei war mir das Fahren mit 20-Zoll-Laufrädern sehr vertraut.« Die Folge: Thorsten distanziert die Konkurrenten und wird souveräner Slalomsieger. Fehlt noch der finale Akt, das Langstreckenrennen. Durch die Sommerhitze kommt es kurz vorm Start zu einem heftigen Regenguss, was diese Disziplin zusätzlich dramatisiert. Thorsten: »Wir starteten in Le-Mans-Manier. Zu den Rädern rennen, aufspringen und um einen See heizen.« Auch das liegt ihm. Er setzt sich sofort an die Spitze, hinter ihm harte Kämpfe um Position zwei, sogar mit Ellbogeneinsatz. Es nützt alles nichts: Thorsten liegt vorn, ballert als Erster über die Ziellinie und sichert sich so mit zehn Punkten Abstand den Gesamtsieg der Bonanzarad-WM 1997.

Danach finden immer mal wieder irgendwo in der Republik Bonanzarad-Treffen und kleine Juxwettbewerbe statt. Eines der wichtigsten Epizentren der Bewegung ist das beschauliche Hofgeismar in Hessen, wo bis heute regelmäßig sogenannte Bonanzaradspiele abgehalten werden. Ausrichter sind die Dosenrocker Mittelerde, ein kleiner Haufen High-Riser-Fans, die den Kult mit viel Liebe aufrechterhalten. Der Name Dosenrocker leitet sich übrigens von einer der immer wiederkehrenden Disziplinen ab: Sieger ist, wer auf dem Bonanzarad in einer vorgegebenen Zeit möglichst viele Runden um eine Bierdose dreht. Weltmeister Schreiter kann über so etwas noch immer lachen.

Was ist geblieben vom Ruhm? 23 Jahre später fährt Thorsten noch immer gern Rad. Ob Rennmaschine oder MTB. Einmal Bikenerd, immer Bikenerd. Selbst das Sieger-Bonanza hängt noch bei Thorsten an der Wand. Fast so, als warte es auf die nächste WM. »Das Museum Haus der Geschichte in Bonn hat das Rad angefragt und wollte es in die Ausstellung nehmen«, berichtet er. Das hat er abgelehnt, bescheiden wie er ist. »Eigentlich war damals sogar ein Geldpreis vorgesehen. Davon sprach aber nach meinem Sieg keiner mehr«, lacht Thorsten. Nur davon, die WM eines Tages in Berlin zu wiederholen. Außerdem gibt es ein paar markige Sprüche von geschlagenen Gegnern, die Thorsten später in Boxermanier herausfordern. Doch dazu kommt es nie. So ist Thorsten noch immer amtierender Bonanzarad-Weltmeister. Und wird es wohl auch ewig bleiben. Oder?

An der Wand: Thorstens Wittekind-Bonanza wurde sogar schon von Museen angefragt – abgelehnt!

Folgende Seiten: Skurrile Erinnerung: Der Weltmeister-Pokal ist ein goldenes Pferd. Es hat bei Thorsten natürlich einen Ehrenplatz. Abgefahren: Thorsten kann es noch immer. Doch gegen sein BMX verhält sich das Bonanza wie ein störrischer Gaul auf dem Dirttrack.

Weltmeister
der Bonanzaradfahrer
1997 Moers

RAW CRUISER RATS
HANG

DOSENROCKER
MITTELERDE

Jörg Maltzan (Autor)

Jörg Maltzan (56) ist gelernter Journalist und arbeitet seit über 30 Jahren für Autozeitschriften. Privat fährt er immer noch sein erstes Auto: einen VW-Porsche 914 von 1972, den er als Fahranfänger einem Rentner aus erster Hand abkaufte. Ebenso tief wie dem Auto ist Maltzan auch dem Fahrrad verbunden. Ob Rennräder oder Mountainbikes, ob Klapp-Velos oder Tandems: Vor allem skurrile und wegweisende Fahrradkonstruktionen haben es ihm angetan. Sein erstes Bonanzarad bekam er 1974 von seinen Eltern. Leider wurde es später geklaut. »Darum musste ich mir gut 40 Jahre später wieder eines zulegen«, sagt Maltzan. Das war auch die Keimzelle für dieses Buch. Inzwischen hat er eine kleine Sammlung von Bonanzarädern. Durch seine Fahrradleidenschaft wurde er 2015 auch zum Erfinder und Mitgründer der Zeitschrift *BIKE BILD*, die ein besonders breites Themenspektrum bedient.

»Natürlich versuche ich auch meine Familie mit dem Bonanzarad-Virus zu infizieren«, so der Redakteur. Mit mäßigem Erfolg. Für eine Kurztour zur Eisdiele setzen sich die Söhne Henry (5), Fritz (3) und Ehefrau Margret schon mal auf ein Bonanzabike (links). Doch im Alltag fahren sie lieber BMX- oder Lastenrad. Der Autor trägt es mit Fassung und freut sich, wenn er vor allem von der Ü50-Generation den nach oben gestreckten Daumen gezeigt bekommt. »Von ihnen kann keiner ohne schwärmerische Kommentare an einem Bonanzarad vorbeigehen.«

Alexander Ziegler
(Herausgeber und Grafiker)

Alex Ziegler (51) arbeitet in den Bereichen Print und Online-Kommunikation mit dem Schwerpunkt Verlagswesen. Darüber hinaus entwickelt er Buchkonzepte. *Die Bonanzarad-Bibel* ist das zweite Buch, das er als Herausgeber verantwortet. Initialzündung für die Bibel war ein Gespräch mit Christoph Dieckmann, dem »Bonanzarad-Papst«, der seit Jahren Bonanzaräder schraubt. Danach war für Alex Ziegler klar, dass ein Verlag hermuss. Dank Delius Klasing und dem bezaubernden Fräulein Jaeschke hält der geneigte Leser nun das Alte und das Neue Bonanzarad-Testament in den Händen. Zwei Bücher zum Preis von einem gewissermaßen.

Und dann ist der Grafiker auch noch seinem lange vergessenen Bonanzarad aus Kindheitstagen begegnet. Einem ELITE Super-High-Riser von Kaufhof für schlappe 98 Mark. »Große Klasse: Im Styling! In Technik! Im Preis!«, wie es damals hieß. Könnte auch für die *Bonanzarad-Bibel* gelten!

Stefan Saak (Illustrator)

Stefan Saak (40) ist Produktdesigner, lebt in Hamburg-Altona und arbeitet freiberuflich auch als Künstler und Illustrator. Und nein, er sitzt nicht auf einem Bonanzarad, aber immerhin ist er auf 20 Zoll unterwegs. Als Dozent unterrichtet er Zeichnen und Modellbau an der Hochschule Hannover.

Martin Langhorst (Fotograf)

Martin Langhorst (49) liebt seit 41 Jahren die Fotografie, besonders die Porträtfotografie. Er arbeitet als Fotograf, CGI Artist und Dozent. An der *Bonanzarad-Bibel* findet er besonders die eigentlich hinter dem Thema stehende Popkultur spannend sowie Lifestyle und Mythos aus den Tagen seiner Kindheit. Eine Retrospektive über eine etwas aus der Zeit gefallene Liebhaberei,die jedoch viele Menschen teilen. Solche, die ein Stück ihrer Jugend bewahren wollen. Und manche wie er selbst – die leider nie ein Bonanzarad besessen haben.

Wir danken

A-Graz, Christian Bode (Blender), Joe Breeze (Fairfax, CA), Detlef Bülow (Quackenbrück), Wende Cragg (Fairfax, CA), Christoph Diekmann (Köln), Dosenrocker Mittelerde, Peter Fastenroth (Köln), Marcus Fink (Söchtenau), Kirstine Fratz (Hamburg), Thomas Göring (Karlsruhe), Charlie Kelly (San Rafael, CA), Heinz Kohlhosser (Quackenbrück), Sven Mikolajewicz (Flensburg), Otto GmbH & Co KG, Ponderosa Speedfuckers, Birthe und Stephan Preussner (Hamburg), Jan Schauff (Remagen), Thorsten Schreiter (Köln), Dave Sims (Liverpool), »Streetfighter Fränki«, Sturmschelle Nord (Hofgeismar), Wolfgang Suck (Bad Segeberg), Dt. Wolfgang Wehap, Melanie Wessel.

Abbildungsnachweis:
Alle Fotos stammen aus dem Archiv der Autoren mit Ausnahme von:
Martin Langhorst: Cover, Vor- und Nachsatz, S. 4/5, 8/9, 12, 14/15, 106, 108, 109 (u.), 112 (l.), 124–137, 152–155, 174 (M.)
Alex Ziegler: Fuchsschwanz, 175 (M.)
Stefan Saak: S. 13, 24 (l.o.), 114–123, Nachsatz (Illustration)
Neckermann: S. 6, 10/11,
Werksarchiv Hans Schauff: S. 7, 76, 109 (o.), 111, 112 (r.), 115, 160 (u.)
Mercury Press: 52–59
Ralf Timm: S. 30–32, 63, 65, 67, 92–95, 138–141, 174 (o.)
Chris Peiffer: S. 175 (o.)
Olaf Heine (olafheine.com): S. 142/143
Freepik: S. 142–151 (Illustrationen)
Markus Fink: S. 150/151
KHE Bonanzarad: S. 144/145
Getty Images: S. 22, 36, 49, 70, 96/97, 98/99 (Hintergrund), 99, 100–101, 104, 158,
SPIEGEL 1/1970: S. 98
Picture Alliance/Benelux Press: S. 99
Interfoto: S. 102
Imago: S. 103
Larry Cragg/Copyright Rolling Dinosaur Archive: S. 156/157,
BIKE BILD/Perkovic: S. 159
Mauritius: S. 160 (l., o.)
Wende Cragg: S. 161
William Savage: S. 162 (o.)
Pete Barrett: S. 162 (u.)
Thomas Roegner: S. 163 (l.)
Fotogloria/Nicolò Minerbi: S. 163 (o.), S. 164
Charlie Kelly: S. 163 (u.)
BIKE-Magazine: S. 165
hgm-press: S. 51
John. T. Bill Company: S. 24 (o.r.)
Radmarkt: S. 64
Schwinn: S. 24 (l.u.), 26, 27, 37–42, 44, 45
Otto GmbH & Co KG: S. 62,
Sturmey Archer: S. 48
Volkswagen AG: S. 146

Wir haben uns selbstverständlich bemüht, alle Bildrechte abzuklären, doch es haben sich nicht alle Rechteinhaber zurückgemeldet oder konnten nicht alle ermittelt werden. Berechtigte Ansprüche sind gegebenenfalls an den Verlag zu richten.

Bibliografische Information der Deutschen Nationalbibliothek Die Deutsche Nationalbibliothek verzeichnet diese Publikation in der Deutschen Nationalbibliografie; detaillierte bibliografische Daten sind im Internet über http://dnb.dnb.de abrufbar.

1. Auflage
ISBN 978-3-667-11840-0
© Delius Klasing & Co. KG, Bielefeld

Text: Jörg Maltzan, http://st-pedali.blogspot.com
Fotos: Martin Langhorst, www.lichtbilderlanghorst.de
Lektorat: Stephanie Jaeschke, Petra Schomburg
Gestaltung: Alex Ziegler, www.buero-ziegler.de
Illustrationen: Stefan Saak, www.stefansaak.de
#idrawyourride – Fortbewegungsmittelporträts

Lithografie: Mohn Media, Gütersloh
Gesamtherstellung: Print Consult, München
Printed in Slovak Republic 2020

Alle Rechte vorbehalten! Ohne ausdrückliche Erlaubnis des Verlages darf das Werk weder komplett noch teilweise reproduziert, übertragen oder kopiert werden, wie z. B. manuell oder mithilfe elektronischer und mechanischer Systeme inklusive Fotokopieren, Bandaufzeichnung und Datenspeicherung.

Delius Klasing Verlag, Siekerwall 21, D-33602 Bielefeld
Tel.: 0521/559-0,
Fax: 0521/559-115
E-Mail: info@delius-klasing.de
www.delius-klasing.de

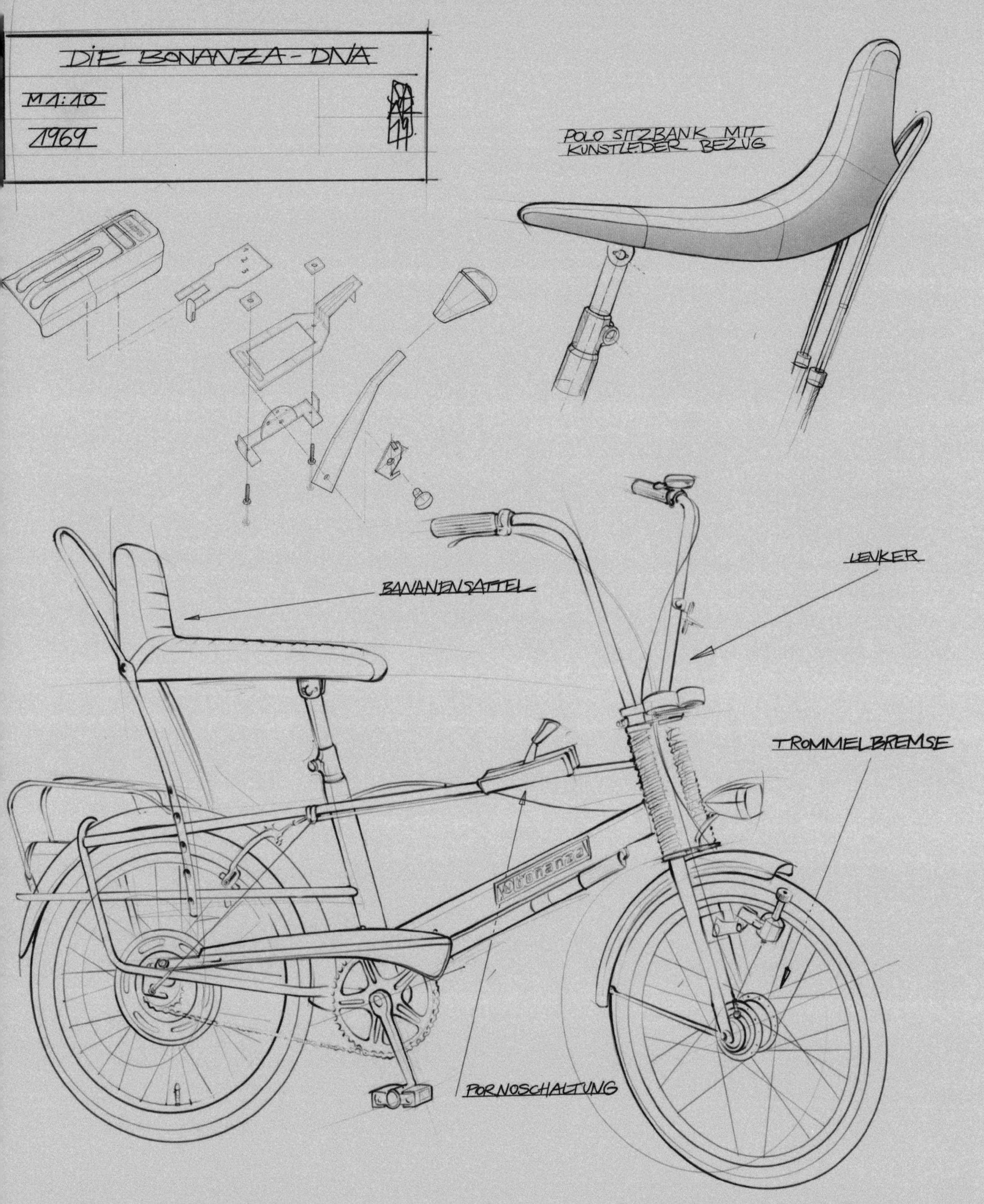

DIE BONANZA-DNA
M 1:10
1969
POLO SITZBANK MIT
KUNSTLEDER BEZUG
LENKER
BANANENSATTEL
TROMMELBREMSE
bonanza
PORNOSCHALTUNG